全国高等职业教育规划教材

U0148538

Flash CS4 动画设计项目教程

主编　郑　芹

参编　赵湘纹　王　敏　汪玉婷

机械工业出版社

本书以项目驱动的形式进行编写，详细介绍 Flash CS4 动画设计的功能和操作。各章均以基本项目制作介绍主要知识点，以进阶项目制作介绍操作技巧的综合、灵活应用，并在项目制作基础之上，针对各主要知识点进行系统讲解。各项目案例凝聚编者多年的教学经验和设计技巧，案例选择科学合理，具有典型性、代表性和实用性。通过项目制作和系统讲解，将使用 Flash CS4 进行动画设计的思路、方法、技巧等组合起来。为了便于教学安排，本书对各章均配以相应的实训内容和习题模块。

本书提供所有项目案例和实训项目案例的源文件、作品效果文件和素材，同时提供相应的 PPT 电子教案。

本书结构清晰，由浅入深；案例丰富、突出实用；图文并茂、易学易懂。即可作为高等职业院校、成人院校及中职院校等的 Flash 课程教材，也可作为 Flash 开发技术人员的参考书。

图书在版编目（CIP）数据

Flash CS4 动画设计项目教程 / 郑芹主编. —北京：机械工业出版社，2011.9
全国高等职业教育规划教材
ISBN 978-7-111-35514-4

Ⅰ．①F… Ⅱ．①郑… Ⅲ．①动画制作软件，Flash CS4－高等职业教育－教材 Ⅳ．①TP391.41

中国版本图书馆 CIP 数据核字（2011）第 154585 号

机械工业出版社（北京市百万庄大街 22 号 邮政编码 100037）
责任编辑：鹿 征
责任印制：杨 曦

北京双青印刷厂印刷
2012 年 1 月第 1 版 · 第 1 次印刷
184mm×260mm · 15.75 印张 · 388 千字
0 001－3 000 册
标准书号：ISBN 978-7-111-35514-4
　　　　　ISBN 978-7-89433-164-9（光盘）
定价：35.00 元（含 1CD）

全国高等职业教育规划教材计算机专业
编委会成员名单

出 版 说 明

根据《教育部关于以就业为导向深化高等职业教育改革的若干意见》中提出的高等职业院校必须把培养学生动手能力、实践能力和可持续发展能力放在突出的地位，促进学生技能的培养，以及教材内容要紧密结合生产实际，并注意及时跟踪先进技术的发展等指导精神，机械工业出版社组织全国近 60 所高等职业院校的骨干教师对在 2001 年出版的"面向 21 世纪高职高专系列教材"进行了全面的修订和增补，并更名为"全国高等职业教育规划教材"。

本系列教材是由高职高专计算机专业、电子技术专业和机电专业教材编委会分别会同各高职高专院校的一线骨干教师，针对相关专业的课程设置，融合教学中的实践经验，同时吸收高等职业教育改革的成果而编写完成的，具有"定位准确、注重能力、内容创新、结构合理和叙述通俗"的编写特色。在几年的教学实践中，本系列教材获得了较高的评价，并有多个品种被评为普通高等教育"十一五"国家级规划教材。在修订和增补过程中，除了保持原有特色外，针对课程的不同性质采取了不同的优化措施。其中，核心基础课的教材在保持扎实的理论基础的同时，增加实训和习题；实践性较强的课程强调理论与实训紧密结合；涉及实用技术的课程则在教材中引入了最新的知识、技术、工艺和方法。同时，根据实际教学的需要对部分课程进行了整合。

归纳起来，本系列教材具有以下特点：

1）围绕培养学生的职业技能这条主线来设计教材的结构、内容和形式。

2）合理安排基础知识和实践知识的比例。基础知识以"必需、够用"为度，强调专业技术应用能力的训练，适当增加实训环节。

3）符合高职学生的学习特点和认知规律。对基本理论和方法的论述要容易理解、清晰简洁，多用图表来表达信息；增加相关技术在生产中的应用实例，引导学生主动学习。

4）教材内容紧随技术和经济的发展而更新，及时将新知识、新技术、新工艺和新案例等引入教材。同时注重吸收最新的教学理念，并积极支持新专业的教材建设。

5）注重立体化教材建设。通过主教材、电子教案、配套素材光盘、实训指导和习题及解答等教学资源的有机结合，提高教学服务水平，为高素质技能型人才的培养创造良好的条件。

由于我国高等职业教育改革和发展的速度很快，加之我们的水平和经验有限，因此在教材的编写和出版过程中难免出现问题和错误。我们恳请使用这套教材的师生及时向我们反馈质量信息，以利于我们今后不断提高教材的出版质量，为广大师生提供更多、更适用的教材。

机械工业出版社

前　言

Flash CS4 是 Adobe 公司继 Flash CS3 之后推出的升级版，其功能有较大的改动。本书即介绍如何使用 Flash CS4 进行动画制作和设计。

本书是采用"先行后知"的理念进行编写和组织内容的：先从基础项目入手介绍知识点的基本应用和主要知识点，各项目根据包含的内容，分成若干个从浅到难、从独立到综合的任务；然后，再系统地介绍有关的主要知识点，使知识得到进一步的总结和理解；最后再引入一个较为综合的操作进阶案例，使知识得到升华、提高，读者能够综合、灵活地应用，真正实现从实践到理论，再从理论到实践的转变。

本书共分 10 个项目，包括：初识 Flash CS4、图形绘制和文字制作，元件、实例和库的使用，一般动画影片制作，复杂动画的制作，多媒体效果影片的制作，使用行为制作简单交互影片，制作 ActionScript 动作脚本的交互式影片，作品的发布与导出，综合应用。

本书特点如下

（1）本书内容全面，有详有略，结构科学、合理，案例新颖、典型，具有较强的代表性；案例努力做到知识应用、创意效果和艺术表现相结合；项目涵盖知识点广，实用性和可操作性强，大部分项目来源于实践应用和企业应用。

（2）内容安排符合读者从实践到理论、再用理论指导实践的认知规律。各主要知识先从项目制作开始让读者了解知识的应用，然后在此基础之上，系统地介绍相关知识，最后再通过制作操作进阶项目，使读者对知识得到巩固和理解，并能综合灵活应用。

（3）各项目之后，有针对性地安排实训操作和习题，便于读者巩固知识、拓展视野和启发思维；同时也便于教师组织教学。

（4）读者可以使用光盘中的素材，配合书中案例的操作步骤进行学习和操作，从而有效提高学习质量。光盘资源主要包含以下内容：① 书中的项目案例源文件、效果文件和所需要的素材文件；② 实训案例源文件、效果文件和所需要的素材文件；③ PPT 电子教案。

本书纳入"福建省高等职业教育教材建设计划"，在编写过程中得到了福建省教育厅的大力支持，在此表示衷心感谢！

本书由福建信息职业技术学院郑芹主编，赵湘纹、王敏、汪玉婷参编。项目 1、项目 4～项目 7、项目 9 和项目 10 由郑芹编写，项目 8 由赵湘纹编写，项目 2 由王敏编写，项目 3 由汪玉婷编写。由于水平和时间有限，书中在操作步骤和表述方面难免有不妥之处，恳请读者不吝指教。

编　者

目　录

项目 1 初识 Flash CS4

本项目要点

- Flash CS4 的基本功能
- Flash CS4 的窗口组成
- Flash CS4 的文件创建与测试

1.1 任务 1：了解 Flash CS4

1.1.1 Flash CS4 的由来和应用

Flash CS4 是 Adobe 公司继 Flash CS3 之后，于 2008 年推出的新版本。Flash CS4 的前身是 Flash，它是一款二维动画制作软件，最早是 Macromedia 公司开发的网页三剑客软件中的一个组件。网页三剑客软件即 Dreamweaver、Fireworks 和 Flash，其中 Flash 的应用是非常广泛的。在 Adobe 公司收购了 Macromedia 公司之后，Flash 逐渐和 Adobe 公司中的其他软件进行融合，也具有了和其他软件统一的风格。

Flash CS4 是一种基于矢量图形的动画，其基本原理和电影相似，是通过播放一系列连续的画面从而形成动画效果的。但是随着 Flash 版本的提升，其功能也在不断的增强，现在，它除了制作动画功能之外，还具备强大的脚本编辑功能，在此基础上，它还可以制作交互性的动画和游戏等作品，具体有如下的应用。

1. 二维动画广告

Flash 最基本、最广泛的应用是二维动画制作。现在在网络上，很多的网页上都可以见到用 Flash 开发的动画作品，特别是在一些门户网站的页面上，更少不了用 Flash 开发的动画广告。如图 1-1 所示就是使用 Flash 开发制作的广告动画。

图 1-1 动画商品广告

2．制作电子贺卡

动画电子贺卡也是 Flash 的重要应用之一。其形式新颖、文件短小，可以便捷地传达感情。如图 1-2 所示就是使用 Flash 开发制作的动画电子贺卡。

图 1-2　动画电子贺卡

3．全 Flash 网站

使用 Flash 能开发画面效果好的网站。网站不仅包含前台设计，还包括一些交互式的应用及后台管理。如图 1-3 所示就是使用全 Flash 开发的网站。

图 1-3　使用全 Flash 开发的网站

4．制作课件

使用 Flash 能开发多媒体的课件，在 Flash 中能将图形、图像、声音、视频等多种媒体形式的内容组合起来，因而很多老师都使用 Flash 将教学过程制作成教学课件，供大家学习。如图 1-4 所示就是使用全 Flash 开发的教学课件。

5．制作网络表情

近来有很多用户使用 Flash 开发网络表情，如网络上 QQ 表情等，这些均可以使用 Flash 开发制作，然后输出为 GIF 格式的动画文件，这样便可以在 QQ 网络聊天中发送给好友。如图 1-5 所示就是使用 Flash CS4 制作的一个动画 QQ 表情。

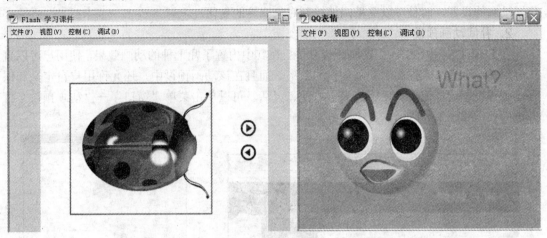

图 1-4　使用全 Flash 开发的教学课件　　　　　图 1-5　动画 QQ 表情

6．制作游戏

Flash 中集成了很多行为和动作脚本功能，通常可以通过编写动作脚本来制作一些具有交互效果的作品，如游戏。如图 1-6 所示即为游戏中的一帧。

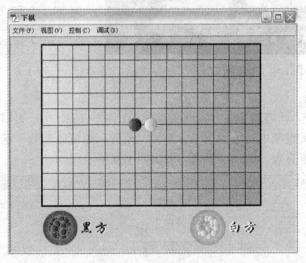

图 1-6　"下棋"游戏的一帧

7．制作 MTV 音乐片

将一首歌曲配以使用 Flash 制作的动画，即是 Flash MTV。这种表现手法在网络上非常流行，而且形式新颖，使人耳目一新。如图 1-7 即是一个 Flash MTV 的截图。

1.1.2　Flash CS4 的新增功能

Flash CS4 和其之前的版本相比较，在很多方面进行了更新，其功能也更加强大，使用起来也更为便捷。其新增功能和增强功能主要有以下几个方面。

1．补间动画

在 Flash CS4 中，在传统补间动画的基础上新增加了一种补间动画的方式，它可以直接应用于对象，这点和只能应用于两个关键帧之间的传统补间动画不同，使用起来更加便捷，简化了动画的设置，而且可以更精确地控制对象属性的变化。

2．补间动画预设

在 Flash CS4 中，引入了动画预设功能，在其中内置了几十种的动画效果，使用户可以直接应用其动画效果，提高了动画创作的效率。而且在该动画预设中，还允许用户自定义和保存动画预设，这样使用户使用起来更方便、灵活。可以单击菜单"窗口"→"动画预设"打开该面板，如图 1-8 所示。

图 1-7　Flash MTV

图 1-8　"动画预设"面板

3．动画编辑器

在 Flash CS4 中，新增加了动画编辑器面板。在该面板中，用户可以使用曲线来调整关键帧的属性，如调整关键帧中对象的大小、旋转、位置、滤镜等参数。这样借助曲线，以图形的形式进行调整会更直观。动画编辑器面板如图 1-9 所示。

图 1-9　动画编辑器面板

4．Deco 工具和喷涂刷工具

在工具面板中，Flash CS4 新增加的两个绘图工具，即 Deco 工具和喷涂刷工具，如图 1-10

所示。通过使用这两个工具可以非常方便地创建出很复杂的花纹图案，就好像是使用喷枪在墙上随意地涂鸦绘画一样。使用它们，可以将一个或多个元件制作成类似万花筒一样的绚丽的图案效果。

5. 骨骼工具组

在 Flash CS4 之前的版本中，要制作自然的骨骼动画效果是比较困难和复杂的，需要一帧一帧地绘制图像、调整和校正。而在 Flash CS4 中，新增加了一种动画为"骨骼动画"，它也称为"反向运动"。该动画的制作即依赖于 Flash CS4 中新增加的骨骼工具组完成的。骨骼工具组位于工具面板中，如图 1-11 所示。该工具组包括骨骼工具和绑定工具，可以将一系列的对象创建链接效果，再结合补间动画，就可以轻松地创建骨骼动画。

图 1-10　Deco 工具组　　　　　　图 1-11　骨骼工具组

6. 3D 变形工具组

在 Flash CS4 之前的版本中，对象的位置和形状变化均是二维的，即在舞台中只能沿着 X 和 Y 这两个轴向移动和旋转。但在 Flash CS4 的工具面板中，新增加了 3D 变形工具组，如图 1-12 所示，其包括"3D 旋转工具"和"3D 平移工具"，这两个工具均引入了三维空间的概念，即对象的移动和旋转均包含 3 个轴向：X、Y 和 Z。

7. "声音"库面板

Flash CS4 中新增加了一个专门内置声音的库。可以单击菜单"窗口"→"公用库"→"声音"将该面板打开。如图 1-13 所示，在其中用户可以快速地选择声音，然后将其添加到动画中。

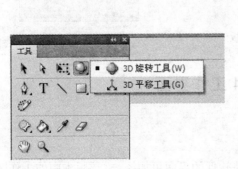

图 1-12　3D 变形工具组　　　　　　图 1-13　"声音"库面板

8. 项目面板

Flash CS4 中新增加了一个项目面板。如图 1-14 所示。可以单击菜单"窗口"→"其他面板"→"项目"打开该面板。在该面板中可以创建和管理 Flash 中的项目，其以树形结构来显示项目内容的。

9. 发布到 AIR 的功能

Flash CS4 中新增加了一个发布到 AIR 的功能。该操作可以在创建了 Flash 文档之后，在"发布设置"对话框中将文件转换为 Adobe AIR 文件；也可以在新建文件时，直接创建 Adobe AIR 文档。这项功能主要是使用户在桌面上获得交互式的体验。

图 1-14　项目面板

10. Adobe Connect Now 集成

Flash CS4 中集成了 Adobe Connect Now 的功能，该功能可以使用户和其他用户在线共享屏幕或召开会议。可以单击菜单"文件"→"共享我的屏幕"，打开"Connect Now"窗口，然后在其中完成该功能。

11. 几个常用面板的改进

Flash CS4 之前的版本中，属性面板通常是水平的位于窗口的下方；在 Flash CS4 中，属性面板采用了垂直显示的方式，如图 1-15 所示，这样增加了舞台的显示容量。库面板中提供了搜索功能、排序功能和一次性设置多个库项目的属性的功能，如图 1-16 所示。还有"字体"菜单的改进，便于对字体的样式进行预览。

图 1-15　垂直的属性面板

图 1-16　库面板

1.2　任务 2：熟悉 Flash CS4 工作界面

1.2.1　Flash CS4 软件的打开

Flash CS4 的工作界面和 Adobe 其他软件的界面更加统一，该版本中的工作区和以前的版本相比较，有了较大的变动。

1. Flash CS4 软件的打开

单击桌面上的"开始"→"所有程序"→"Adobe Flash CS4 Professional"菜单项，就可以启动 Flash CS4 软件。图 1-17 所示为该软件的欢迎屏幕。

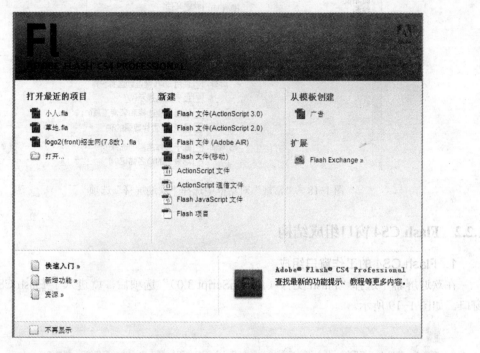

图 1-17　Flash CS4 软件的欢迎屏幕

2. 欢迎屏幕的组成

该欢迎屏幕分为 4 个部分。

- 打开最近的项目：该部分列出最近打开过的一些 Flash 文件名称，可以单击该处的文件将其快速地再次打开。
- 新建：该部分列出了各种 Flash 文件的类型。可以单击此处列出的类型，快速创建新的文件，一般选择"Flash 文件（ActionScript 3.0）"选项来创建支持 ActionScript 3.0 脚本的文件。
- 从模板创建：该部分列出了各种常用的 Flash 模板。可以单击此处列出的模板选项，按模板提供的样式快速创建 Flash 文件。
- 扩展：该部分可以链接到 Flash Exchange 网站。

欢迎屏幕除了以上的 4 个主要部分之外，还包括"快速入门"、"新增功能"和"资源"选项。单击这些选项，可以快速进入 Adobe 授权的网站，获取一些帮助和学习资源。另外，该屏幕的最下方有一个"不再显示"复选项，如果勾选该项，则在下一次打开软件时，不再显示该欢迎屏幕。如果隐藏该屏幕后，需要再次显示，则需要在软件的工作窗口中，单击菜单项"编辑"→"首选参数"，在打开的"常规"对话框中选择"启动时"下拉列表中的"欢迎屏幕"选项即可。如图 1-18 所示。

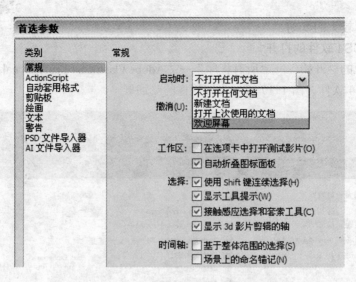

图1-18 "常规"对话框中选择"欢迎屏幕"选项

1.2.2 Flash CS4 窗口组成结构

1. Flash CS4 的工作窗口组成

在欢迎屏幕中选择"Flash 文件（ActionScript 3.0）"选项后，就进入了 Flash CS4 的工作窗口，如图 1-19 所示。

图1-19 Flash CS4 的工作窗口

Flash CS4 的工作窗口主要由菜单栏、工具面板、舞台、底部面板区、右侧面板区、视图区以及编辑栏等组成，如图 1-20 所示。

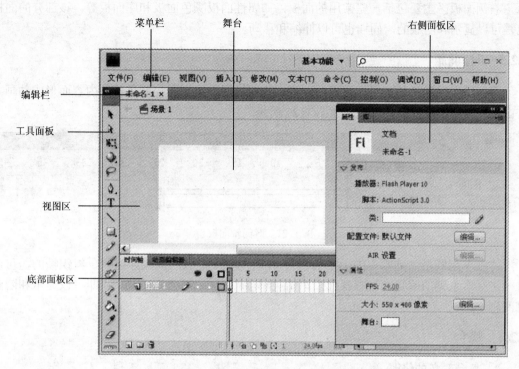

图 1-20 Flash CS4 的工作窗口组成介绍

2．菜单栏

菜单栏中包括 11 个菜单项，每个菜单项又有多个子菜单。使用 Flash CS4 提供的丰富的菜单项，可以完成许多的操作，如文件的创建、打开、保存和发布等。

3．舞台

舞台是创建 Flash 文档时放置对象内容的区域，即工作区域。Flash 的各种活动都发生在舞台上，在舞台上显示出来的内容就是用于导出影片后观众看到的内容。只有位于舞台中的对象内容，在发布后才能看得见，而位于舞台之外的内容均是不可见的。

4．视图区

视图区是指位于舞台四周的灰色区域，用于放置暂时不需要在影片中显示出来的对象内容。位于该区域的对象内容在文件发布后是不可见的。

5．工具面板

工具面板包括 Flash 中提供的所有工具，可以用于创建和编辑矢量图形、设置色彩等。该工具面板是可以显示、隐藏、伸缩和移动的。

6．编辑栏

在编辑栏中可以切换"场景"和"元件"视图，其右端还有可以改变视图的比例列表。

7．底部面板区

底部面板区主要包括一些常用的面板，如时间轴面板和动画编辑器面板，该部分的面板是可以显示和隐藏的，也可以伸缩和移动。

8．右侧面板区

右侧面板区主要包括一些常用的面板，如属性面板颜色面板和库面板等，该部分的面板也是可以显示和隐藏的，同样也可以伸缩和移动。

1.2.3 时间轴

时间轴面板默认是在工作窗口的下方，该面板用于组织和控制各帧的内容而形成动画。它由帧、图层和播放指针组成，如图1-21所示。

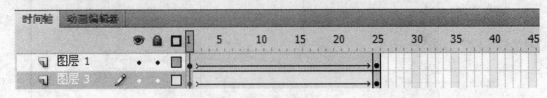

图 1-21 时间轴面板

"帧"指的是"动画中的一帧画面"。在时间轴中是按时间顺序排列、组织帧的，可以对帧进行一系列的编辑和调整操作。单击菜单项"窗口"→"时间轴"，即可以显示和隐藏时间轴。

1.2.4 舞台

1．舞台颜色的修改

舞台默认的颜色是白色的，但是可以根据需要进行修改。单击舞台，再单击菜单项"修改"→"文档"，即打开"文档属性"对话框，在该对话框中单击"背景颜色"右边的颜色列表，在弹出的调色板中任选一种颜色，即将舞台设置为该颜色了。如图1-22所示。

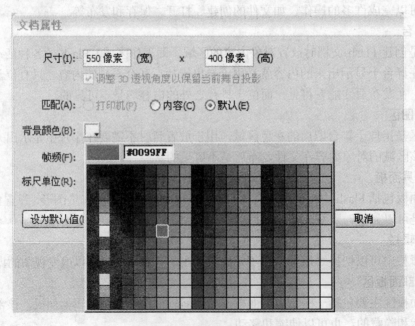

图 1-22 舞台颜色的修改

2. 舞台尺寸大小的修改

舞台的尺寸默认是 550×400 像素，舞台的尺寸就是发布后的影片尺寸。一般情况下，在创建文件之时就需要根据实际情况修改其大小，可以在"文档属性"对话框中的"尺寸"栏目中输入"宽"和"高"的具体数值。

3. 舞台的缩放

在实际制作影片时，常常要根据需要改变舞台的显示比例。放大对象，便于观察和处理对象的细节；缩小对象，便于从整体观察整个场景。可以单击窗口"编辑栏"右端的显示比例，在其下拉列表中选择。如图 1-23 所示。

还可以在该列表框中直接输入要显示的比例数值，舞台就按指定的比例进行显示。或者在工具面板中选择"缩放工具" 直观地缩放舞台。该工具有以下几种缩放的操作。

图 1-23　显示比例

- 放大舞台：选择"缩放工具" 🔍后，直接在舞台中单击，可以放大舞台。

- 缩小舞台：选择"缩放工具" 🔍后，按住〈Alt〉键再在舞台上单击，可以缩小舞台。

- 还原舞台显示比例：选择"缩放工具" 🔍后，在舞台中双击鼠标左键，可以将舞台的显示比例还原为初始的 100% 显示。

- 放大指定区域的舞台：选择"缩放工具" 🔍后，在舞台上按下鼠标左键拖曳，即可以拖出一个矩形区域，便可将该区域放大至整个窗口，且在可见范围中。

除此之外，还可以单击菜单项"视图"→"放大"或者"视图"→"缩小"来放大或缩小舞台。可以按〈Ctrl++〉组合键或者〈Ctrl+-〉组合键来放大或缩小舞台。

4. 舞台的移动

可以使用工具面板中的"手形工具" 🖐在舞台区域或者视图区域中拖动来移动舞台的位置。如果当前是选择其他工具进行操作的，可以按住键盘上的空格键，即可暂时快速切换为"手形工具"。

1.2.5　面板的常用操作和属性面板

1. 面板的显示和隐藏

Flash 中的常用面板均是可以显示和隐藏的，单击菜单项"窗口"，在弹出的菜单项中选择要显示或者要隐藏的面板。例如要显示"颜色"面板，则单击菜单项"窗口"→"颜色"，就可以显示颜色面板，如图 1-24 所示。在显示了该面板后，如果再次单击菜单项"窗口"→"颜色"，就可以将该面板隐藏。

2. 面板的伸缩

面板是可以进行伸缩的，通过单击面板上方灰色区域未实现。图 1-25 所示即是面板处于收缩状态。

3. 面板的弹出菜单

单击任意面板右上方的"弹出"按钮🔳，就可以出现其弹出菜单，在其中可以选择所需要的选项，即可以完成相应的操作，如图 1-26 所示。

图 1-24　"颜色"的显示　　图 1-25　收缩面板　　图 1-26　面板的弹出菜单

4．面板的大小调整

面板的大小是可以调整的，可以将鼠标指向面板的下方或者右侧的边框，当鼠标变为带两端箭头的水平或者竖直箭头时拖动，便可以改变大小了。

5．属性面板

在所有的面板中，最常用的要数属性面板了。可以单击菜单项"窗口"→"属性"将其打开。图 1-27 所示即为文档的属性面板。该面板是根据不同的选择对象而显示相应的属性内容的。例如，当选择了"文本工具"后，属性面板就变为有关文本的属性内容了，如图 1-28 所示。

图 1-27　文档的属性面板

图 1-28　文本的属性面板

1.3　任务3：Flash CS4 的文件操作

1.3.1　文件操作

1．新建文件

新建一个 Flash 的方法有两种：一种是在前面介绍的欢迎屏幕中选择进行创建；另一种是在工作窗口中，单击菜单项"文件"→"新建"，便可以创建一个空白的文档。

2．文件的保存

单击菜单"文件"→"保存"命令或者"文件"→"另存为"命令就可以将文件保存。保存的 Flash 源文件的格式为.fla。

3．文件的打开

单击菜单"文件"→"打开"命令，可以在工作窗口中打开源文件继续编辑。

4．文件的关闭

单击菜单"文件"→"关闭"命令，可以将工作窗口中打开的文件关闭。

5．文件的测试

在一个 Flash 文档制作完成后，往往需要预览该影片的效果，可以单击菜单项"控制"→"测试影片"，或者按〈Ctrl+Enter〉组合键，就可以打开播放器预览该影片的效果了。如图 1-29 所示。在测试影片的同时，在源文件保存的位置，会自动生成一个主文件名相同、但扩展名为.swf 的播放文件。

图 1-29　测试影片

1.3.2　设置文档属性

新建一个 Flash 文档之后，文件舞台尺寸、背景颜色、帧频等参数等均是默认的。但是实际情况却常常要对这些参数进行修改，因此就要重新设置文档属性。文档属性的修改方法有多种，如前面介绍的单击菜单项"修改"→"文档"可以打开"文档属性"对话框，在其中设置即可完成；也可以先选择舞台，再单击菜单项"窗口"→"属性"，即打开属性面板，单击其中的"编辑"按钮，打开"文档属性"对话框进行设置完成。

文档属性中主要参数如下。

- 尺寸：该参数有"宽"和"高"两个参数，单位是像素，在其中可以输入数值设置文件的尺寸大小。
- 匹配：该项有两个单选项。单击"打印机"按钮，将匹配打印机的设置参数；单击"内容"按钮可使舞台的大小正好能容纳所有的对象；单击"默认"按钮将尺寸数值恢复为系统默认的设置。
- 背景颜色：单击其右边的黑色小按钮，可以打开调色板，从中可以选择用做舞台的背景颜色。
- 帧频：该处的默认值为 24fps，该数值越大，每秒钟播放的帧数越多，动画的视觉效果就越自然。但是对于在计算机中显示的动画，一般设置为 8～15fps。
- 标尺单位：在舞台中要想精确地创建图形的起始点或者精确地设置图形的尺寸，可以在舞台中打开标尺来辅助。标尺的打开可以通过单击菜单项"视图"→"标尺"未实现。在该处可以设置显示的标尺的单位。
- "设置为默认值"按钮：单击此按钮可以将上述设置的所有参数保存为默认值。

1.4　任务 4：简单动画影片"图形变换"的创建

1.4.1　任务说明

该任务是使用 Flash CS4 制作一个从矩形变换到椭圆的形状补间动画。该影片的效果如图 1-30 所示。

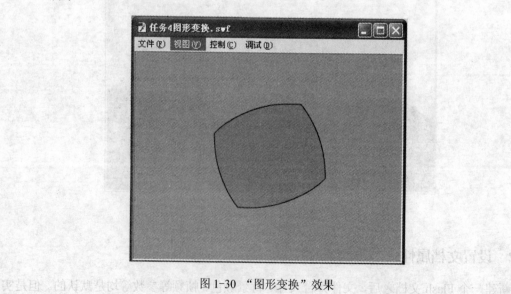

图 1-30　"图形变换"效果

1.4.2 任务步骤

1）打开 Flash CS4 应用程序，新建一个 Flash 文档文件。

2）单击菜单项"修改"→"文档"，打开"文档属性"对话框，如图 1-31 所示。在其中设置文档的属性。设置"尺寸"为 400×300 像素，"背景颜色"为浅灰色（#CCCCCC），"帧频"设置为 12fps。

图 1-31　设置文档属性

3）单击工具面板中的"矩形工具"□，在舞台中绘制了一个矩形，如图 1-32 所示。

4）用鼠标单击选中时间轴中的第 15 帧，单击菜单项"插入"→"时间轴"→"空白关键帧"，此时就将第 20 帧设置成了空白关键帧了。

5）选中第 20 帧，然后再单击工具面板中的"椭圆工具"○。将鼠标移到舞台，按下鼠标左键拖动，绘制一个椭圆，如图 1-33 所示。

图 1-32　绘制的矩形　　　　图 1-33　在第 20 帧绘制椭圆

6）返回选择第 1 帧，右击选择"创建补间形状"命令。动画即制作完成。

7）单击菜单项"文件"→"保存"，保存文档。在弹出"另存为"对话框中"保存类型"下拉列表中选择".fla"。

8）测试影片的效果。单击菜单项"控制"→"测试影片"，即弹出影片播放器窗口开始测试影片。

1.5　习题

1. 填空题

（1）在 Flash CS4 的属性面板中可以设置文档尺寸、_____和帧频。

（2）Flash CS4 默认的帧频是_____。

（3）位于 Flash CS4 舞台中对象在文件输出时是____，而位于视图区中的对象在文件输出时则是____。

（4）测试影片的操作是单击菜单____。

（5）在 Flash CS4 中，新增加了____面板，在该面板中，用户可以使用曲线进行调整关键帧的属性，

2．选择题

（1）下面关于 Flash 说法正确的是（　　）。

    A．Flash 动画主要由简洁的矢量图形组成的

    B．Flash 舞台尺寸是不能更改的

    C．Flash 中不能使用位图

    D．Flash 中的帧频是可以设置的

（2）默认情况下，Flash CS4 中的标尺单位为（　　）。

    A．厘米　　　　　　B．毫米　　　　　　C．英寸　　　　　　D．像素

（3）Flash CS4 中可以更改影片尺寸和背景颜色的面板是（　　）。

    A．颜色面板　　　　　　　　　　　B．文档属性面板

    C．对齐面板　　　　　　　　　　　D．时间轴面板

（4）Flash CS4 源文件的扩展名为（　　）。

    A．.fla　　　　　　B．.av　　　　　　C．.exe　　　　　　D．.swf

（5）默认情况下，Flash CS4 舞台的尺寸单位为（　　）。

    A．厘米　　　　　　B．毫米　　　　　　C．英寸　　　　　　D．像素

3．问答题

（1）Flash 的功能是什么？

（2）简述 Flash 舞台和视图区的区别？

实训一　Flash CS4 窗口熟悉和简单影片的建立与影片测试

一、实训目的

1．了解 Flash CS4 的应用，欣赏使用 Flash CS4 开发的作品。

2．了解 Flash CS4 应用程序的窗口组成。

3．掌握 Flash CS4 的文件操作。

4．掌握应用 Flash CS4 制作一个简单的动画文件及测试文件。

5．掌握 Flash CS4 文档属性的设置。

二、实训内容

1．熟悉 Flash CS4 应用程序的窗口组成及基本操作。

2．欣赏使用 Flash CS4 开发的作品。

3．模仿任务 4 制作图形变换。

项目 2 图形绘制和文字制作

本项目要点

- 基本绘图工具
- 选取工具
- 色彩工具
- 文字工具
- Deco 工具
- 编辑修改工具
- 图形导入

图形是制作精彩的 Flash 动画必不可少素材。虽然用户可以通过导入图片进行加工来获取影片制作素材，但有些需要表现特殊效果和用途的图片，必须手工绘制。

Flash CS4 有强大的工具系统，使用这些工具可以绘制、调整和编辑图形，然后在此基础上进行动画创作。

Flash CS4 拥有强大的功能使其不仅是一个优秀的作图软件，而且在文字创作方面也丝毫不逊色。运用 Flash CS4 可以创作出漂亮的文字，还可以激活和交互，许多以前只能在 Photoshop 中才能做出来的效果，现在利用 Flash 也可以轻松地制作出来。

2.1 任务 1：利用基本绘图工具绘制"乡村小屋"

2.1.1 任务说明

本任务是利用工具箱中的基本绘图工具绘制"乡村小屋"。其效果如图 2-1 所示。

2.1.2 任务步骤

1）新建一个 Flash 文档，设置文档大小为"400×300 像素"。

2）在工具箱中单击"矩形工具"按钮，在属性面板中设置"笔触颜色"为黑色，"填充颜色"为"无"，在场景中绘制一个与舞台差不多大的矩形，如图 2-2 所示。

图 2-1 "乡村小屋"效果   图 2-2 绘制矩形

3）在工具箱中单击"线条工具" ✎，在矩形内部绘制一条线段，如图 2-3 所示。

4）在工具箱中单击"选择工具" ▶，将鼠标光标定位到绘制的线段上，当鼠标光标变成 ➤ 形状时，按住左键不放向上拖动将线段调整成曲线，如图 2-4 所示。

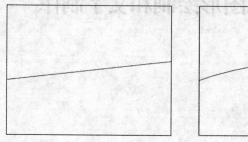

图 2-3　绘制线段　　　　　　　　　图 2-4　调整线段

5）在工具箱中单击"钢笔工具" ◆，在场景中绘制曲线作为山峰轮廓；在工具箱中单击"部分选取工具" ▶，将鼠标光标移动到曲线上，单击选择曲线，调整锚点至满意的形状，如图 2-5 所示的曲线图形。

6）单击工具箱中的"矩形工具" ▭，在场景中绘制一个矩形；单击工具箱中的"任意变形工具" ▧，将鼠标光标移动到图形的水平边缘上，按住鼠标左键并向右拖动鼠标使图形倾斜作为屋顶，如图 2-6 所示。

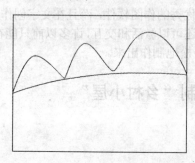 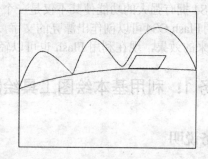

图 2-5　绘制山峰　　　　　　　　　图 2-6　绘制屋顶

7）单击工具箱中的"矩形工具" ▭，在场景中绘制一个矩形作为墙体，如图 2-7 所示。

8）单击工具箱中的"线条工具" ✎，在场景中绘制直线构成侧面墙体，如图 2-8 所示。

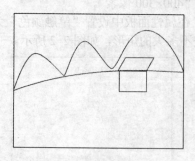 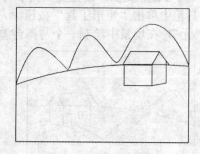

图 2-7　绘制墙体　　　　　　　　　图 2-8　绘制侧面墙体

9）单击工具箱中的"矩形工具"和"线条工具"，为小屋添加门和窗户，如图 2-9 所示。

10）单击工具箱中的"铅笔工具" 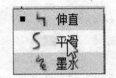，在"铅笔模式" 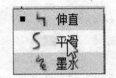 的下拉列表中选择"平滑"选项，如图 2-10 所示。

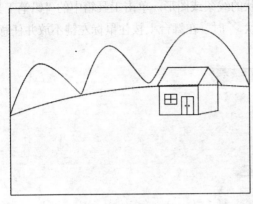

图 2-9　绘制门窗

图 2-10　选择铅笔模式

11）将鼠标移到舞台上，利用"铅笔工具"绘制出小路，至此即可完成乡村小屋的绘制，如图 2-1 所示。

2.1.3　知识进阶

1．绘图工具箱介绍

Flash CS4 的工具箱中放置了可供编辑图形和文本的各种工具，利用这些工具，用户可以方便地进行选择、绘制、修改和填充图形。选择菜单"窗口"→"工具"命令，即可打开绘图工具箱，如图 2-11 所示。

2．线条工具

使用"线条工具" ＼ 可以方便地绘制出直线。单击工具箱中的"线条工具"按钮，将光标移到舞台上，当光标变成"+"字形状后，按住鼠标左键不放并拖动，到达合适位置后再释放鼠标左键，即可绘制一条直线。

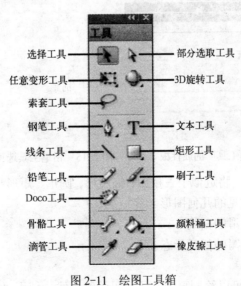

图 2-11　绘图工具箱

单击"线条工具"按钮，其对应的属性面板如图 2-12 所示。

3．铅笔工具

"铅笔工具" 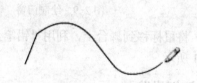 可以绘制出任意形状的线条或图形。单击工具箱中的"铅笔工具"按钮，将光标移到舞台上，当光标变成铅笔形状 时，在舞台上按住鼠标左键不放并任意拖动，即可绘制出相应的图形，如图 2-13 所示。

图 2-12 "线条工具"的属性面板

图 2-13 绘制直线

单击工具箱中的"铅笔工具"按钮 ，其对应的属性面板如图 2-14 所示。

"铅笔工具"的属性面板参数设置与"线条工具"基本相同，只是多了一个"平滑"选项，用户在"平滑"选项中设置"铅笔工具"的笔触平滑度。

在工具箱中单击"铅笔工具"按钮后，其工具选项中有两种，如图 2-15 所示。

- "对象绘制" ：使用方法同"线条工具"中的"对象绘制"。
- "铅笔模式" ：单击该按钮，在弹出的下拉列表中有 3 种模式，如图 2-16 所示。

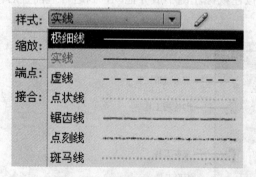

图 2-14 "铅笔工具"的属性板

图 2-15 铅笔工具选项

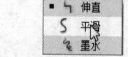

图 2-16 选择铅笔模式

- "伸直"：绘制直线，将近似于三角形、椭圆形、圆形、矩形和正方形的这些绘制形状，自动转换为这些常见的几何图形。
- "平滑"：绘制出平滑的曲线。
- "墨水"：绘制出手写的任意形态。

4．钢笔工具

"钢笔工具" 不仅可以绘制直线，还可以绘制曲线。使用"钢笔工具"绘制直线或者曲线后，可以调整曲线的曲率，或者使绘制的曲线线条按照预想的方向弯曲。通过调整直线段的角度和长度，可以调整曲线段的曲率以得到精确的路径。"钢笔工具"不仅可以绘制普通开放的路径，还可以创建闭合的路径。

"钢笔工具"是一组工具，单击工具箱中的"钢笔工具"按钮，其对应的属性面板如图 2-17 所示。

图 2-17 "钢笔工具"的属性面板

"钢笔工具"的属性面板参数设置与"线条工具"基本相同。

（1）"钢笔工具"绘制直线

单击工具箱中的"钢笔工具"按钮，将鼠标移到舞台上，此时光标变成，单击确定线条的起点，光标变成，然后在线条的终点单击，即可绘制一条直线。在远离路径的地方，按住〈Ctrl〉键的同时单击，当光标变成，即可完成路径的绘制；或者在终点双击，也可完成路径的绘制。

（2）"钢笔工具"绘制曲线

单击工具箱中的"钢笔工具"按钮，在舞台上单击以确定起点，在终点按住鼠标左键不放，向任意方向拖动，如图 2-18 所示。

用户可以拖动控制柄来调整线条的弧度。按住〈Ctrl〉键的同时在路径外单击，即可完成曲线的绘制，如图 2-19 所示。

图 2-18 绘制曲线   图 2-19 曲线绘制后的效果

与"钢笔工具"同组的工具有 3 个。

● "添加锚点工具"：在线段上单击鼠标就会增加一个锚点，有助于更精确调整线段。
● "删除锚点工具"：在线段上单击锚点，就会删除这个锚点。
● "转换锚点工具"：在线段上单击锚点，就会将这个锚点前的一段曲线改为最短距离或者转换为直线。

5. 简单图形工具

Flash CS4 为用户提供了绘制简单图形的工具，如"矩形工具"、"椭圆工具"、"多角星形工具"等，使用这些工具，用户可以方便、快捷地绘制出一些特殊、简单的图形。

（1）矩形工具

使用"矩形工具"可以绘制矩形和正方形。单击工具箱中的"矩形工具"按钮，"矩形工具"的属性面板如图2-20所示。工具箱下的选项设置工具如图2-21所示。其中单击"对象绘制"按钮时，切换到对象绘制模式，该模式下绘制的线条是独立的对象，即使和之前绘制的线条重合，也不会自动合并；而单击"紧贴至对象"按钮，则绘制的直线会紧贴至选中的对象。

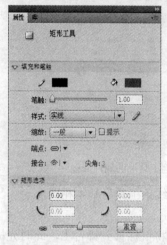

图2-20 "矩形工具"的属性面板　　　　图2-21 "矩形工具"选项

（2）椭圆工具

使用"椭圆工具"可以绘制圆形和椭圆形。单击工具箱中的"椭圆工具"按钮，其属性面板如图2-22所示。

提示：按住〈Shift〉键，在舞台上拖动鼠标，即可绘制正圆形。

（3）多角星形工具

使用"多角星形工具"可以绘制多角星形。单击工具箱中的"多角星形工具"按钮，其属性面板如图2-23所示。

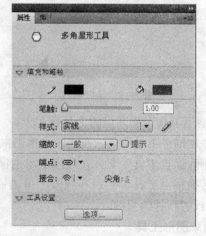

图2-22 "椭圆工具"的属性面板　　　图2-23 "多角星形工具"的属性面板

单击其中"工具设置"栏的"选项"按钮，可以打开"工具设置"对话框，在其中可设置多边形的样式、边数和星形顶点大小等参数。"工具设置"对话框如图 2-24 所示。在其中的"样式"列表中，有"多边形"和"星形"两个选项，如图 2-25 所示。

图 2-24 "工具设置"对话框　　　　　　图 2-25 选择样式

6. 刷子工具

在工具箱中单击"刷子工具"按钮 ，其属性面板如图 2-26 所示。

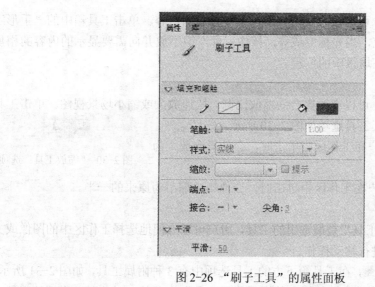

图 2-26 "刷子工具"的属性面板

7. 橡皮擦工具

用户可以使用"橡皮擦工具" 对形状中不满意的部分进行擦除。

"橡皮擦工具"对应的工具选项如图 2-27 所示。

● "橡皮擦工具" ：单击该按钮，在弹出的下拉列表中有 5 种擦除方式，如图 2-28 所示。

　➤ "标准擦除"：擦除橡皮擦经过的所有区域。

　➤ "擦除颜色"：擦除图形的内部填充颜色。

　➤ "擦除线条"：擦除图形的外部轮廓线。

　➤ "擦除所选填充"：擦除图形中事先选中的内部区域。

　➤ "内部擦除"：在该模式下，将填充内部作为擦除的起点才有效。

● "水龙头" ：用于快速删除笔触段或填充区域。

● "橡皮擦形状" ：单击该选项，在弹出的下拉列表中，用户可以根据图的需要选择适当的橡皮擦形状，如图 2-29 所示。

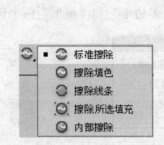
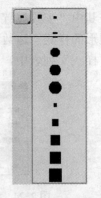

图 2-27 "橡皮擦工具"选项 　　图 2-28 擦除方式 　　图 2-29 橡皮擦形状

8．辅助工具

（1）手形工具

使用"手形工具" 🖑，可以很方便地移动场景所显示的内容。单击工具箱中的"手形工具" 🖑，将光标移到舞台上，当光标变成 🖑，按住鼠标左键不放并向需要显示的内容的相反方向拖动，即可移动舞台在场景中的位置。

（2）缩放工具

使用"缩放工具" 🔍，可以更改舞台的缩放比例，快速放大或缩小场景视图。单击工具箱中的"缩放工具" 🔍，其工具选项如图 2-30 所示。

- "放大" 🔍：当用户在工作区中单击时，会使舞台放大为原来的两倍。

图 2-30 "缩放工具"选项

- "缩小" 🔍：当用户在工作区中单击时，会使舞台缩小为原来的一半。

9．选择工具

在所有工具中，"选择工具"是最常用的工具，用户可以方便地选择工作区中的图像或文字等对象，还可以对对象进行移动操作。

单击"选择工具"按钮 ▶，在工具箱下方的工具选项中有 3 种附属工具，如图 2-31 所示。

- "紧贴至对象" 🧲：单击该按钮，使用"选择工具"拖动某一对象时，光标处出现一个圈，被选中对象向其他对象移动时，会自动吸附到对象上。
- "平滑" ➿：用于对路径和形状进行平滑处理，消除多余锯齿，平滑曲线。
- "伸直" ➤：对路径和形状进行平直处理，消除路径上多余弧度。

"选择工具"也可以用来编辑对象，如改变笔触、填充区域的形状等。

单击"选择工具"按钮 ▶，将光标移到选定的对象边缘，光标变成如图 2-32 所示的圆弧形状。

图 2-31 "选择工具"选项 　　图 2-32 圆弧光标形状

按住鼠标左键并拖动线段上的任一点，就可以调整线段的弧度，如图 2-33 所示。

单击"选择工具"按钮 ，将光标移到对象的某个角点，光标变成如图 2-34 所示的直角形状。

按住鼠标左键并拖动这个角点，就可以改变其形状，但保持该角点的线段仍然为直线，如图 2-35 所示。

图 2-33　调整线段弧度　　图 2-34　直角光标形状　　图 2-35　改变形状

10．部分选择工具

"部分选取工具" 也可以选取并移动对象。使用"部分选取工具"，被选中的对象四周出现若干个空心的控制点，如图 2-36 所示。

拖动空心控制点，可以拉伸或修改对象，如图 2-37 所示。

当光标靠近对象，光标右下角出现黑色实心方块时，按住鼠标左键拖动对象即可移动该对象，如图 2-38 所示。

 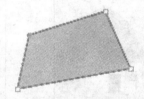 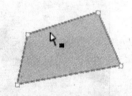

图 2-36　选取对象　　　　图 2-37　编辑对象　　　　图 2-38　移动对象

11．套索工具

利用"套索工具" 可以方便地选取图形。它和"选择工具"不同的地方是选择方式有所不同，"套索工具"主要用于选择不规则的区域。

单击工具箱中的"套索工具"按钮 ，其工具选项如图 2-39 所示。

● "魔术棒" ：用户快速地选择图形对象中相连的且颜色近似的区域。

● "魔术棒设置" ：对魔术棒的参数进行设置。单击"魔术棒设置"按钮，可以打开"魔术棒设置"对话框，如图 2-40 所示。

　　➢ "阈值"：用于设置魔术棒所选颜色的容差值。容差值越大，所选择的色彩精度就越低，选择的范围也就越大。

　　➢ "平滑"：用于设置平滑处理的方式。单击右侧的下拉菜单，在弹出的下拉菜单中有 4 个选项，如图 2-41 所示。

 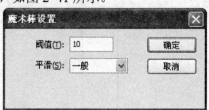 

图 2-39　"套索工具"选项　　图 2-40　"魔术棒设置"对话框　　图 2-41　"平滑"方式

● "多边形模式" ：用户可以利用鼠标的多次单击操作勾画出多边形区域。

2.2 任务2：利用色彩工具对"乡村小屋"填色

2.2.1 任务说明

本任务利用工具箱中的色彩工具为"乡村小屋"填充颜色。其效果如图2-42所示。

2.2.2 任务步骤

1）打开素材文件"乡村小屋.fla"，将其另存为"填充乡村小屋.fla"。

2）选择菜单栏项"窗口"→"颜色"命令，打开"颜色"面板，在"类型"下拉列表框中选择"线性"，单击左边的色标 ，将颜色设置为#14AAEB，单击右边的色标 ，设置颜色为#FFFFFF，此时填充色设置为"#14AAEB→# FFFFFF"渐变色，如图2-43所示。

图2-42 "乡村小屋"效果

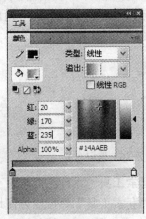

图2-43 颜色面板

3）在工具箱中选择"颜料桶工具" ，将鼠标光标移动到场景中的天空区域并单击，将天空填充为蓝白渐变色，如图2-44所示。

4）在工具箱中选择"渐变变形工具" ，在场景中单击已填充渐变色的天空区域，将鼠标移到渐变方向控制柄 ，单击并拖动鼠标向右旋转90°，调整渐变方向，如图2-45所示。

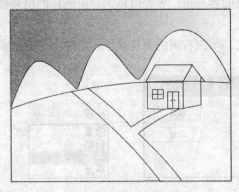

图2-44 填充天空渐变色

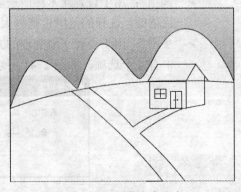

图2-45 调整渐变方向

5）在工具箱中单击"颜料桶工具"，在其属性面板中选取"填充颜色"为深绿色，其 RGB 值为#006600。

6）将鼠标移到场景中的山峰区域并单击，将山峰填充为深绿色，如图 2-46 所示。

7）用相同的方法将草地填充为浅绿色，如图 2-47 所示。

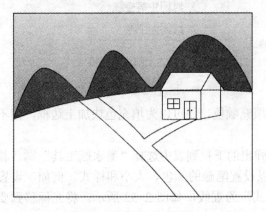 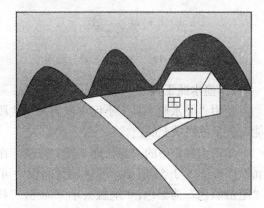

图 2-46　填充山峰颜色　　　　　　　　　　图 2-47　填充草地颜色

8）用相同的方法分别将屋顶、小屋、窗户、小路填充为#FF0000、#FFFF99、#0099FF 和#999999，如图 2-48 所示。

9）单击工具箱中的"选择工具" ，在场景中单击图形的轮廓线条，然后按〈Del〉键 删除线条，完成效果如图 2-42 所示。

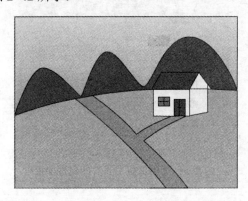

图 2-48　填充屋顶、小屋、窗户和小路颜色

10）选择菜单栏中的"文件"→"保存"命令保存文件。

2.2.3　知识进阶

在Flash CS4 中，提供了多种色彩工具，如"颜料桶工具"、"墨水瓶工具"、"滴管工具" 和"渐变变形工具"，他们均可以为图形填充颜色，从而加强Flash CS4 的表现力。

1．颜料桶工具

"颜料桶工具"主要用于填充封闭区域的图形。单击"颜料桶工具"按钮，工具箱底部 出现"空隙大小"和"锁定填充"两个选项，如图 2-49 所示。

单击"空隙大小"按钮 ，可以为一些没有完全封闭的图形区域填充颜色，而且确保颜色在封闭区域的内部。单击"空隙大小"按钮，将弹出 4 个选项，如图 2-50 所示。

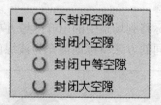

图 2-49 "颜料桶工具"选项　　　　图 2-50 选择"空隙大小"模式

2．墨水瓶工具

使用"墨水瓶工具"不仅可以为矢量线段填充颜色，还可以为填充色块加上边框，但不能对矢量色块填充颜色。

单击工具箱中的"颜料桶工具"按钮，在弹出的下拉列表中选择"墨水瓶工具" ，其属性面板如图 2-51 所示。在该属性面板中可以设置笔触的颜色、大小和样式。例如，设置"笔触颜色"为黑色，"笔触大小"为 5，"样式"为虚线，如图 2-52 所示。将光标移到要添加轮廓线的图形边缘，单击鼠标即可为该图形添加相应样式的轮廓线，前后效果对比如图 2-53 所示。

图 2-51 "墨水瓶工具"的属性面板

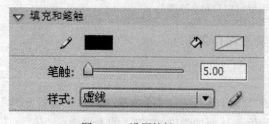

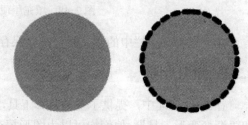

图 2-52 设置笔触　　　　　　　　　　图 2-53 填充笔触

3．滴管工具

"滴管工具" 用于采集某一对象的色彩特征，以便应用到其他对象上。"滴管工具"的采集区域可以是对象的内部，也可以是对象的轮廓线。

如果采集区域是对象的内部，滴管光标附近将出现画笔标志。单击采集颜色后，光标将变成颜料桶形状。"颜料桶工具"当前的颜色就是所采集的颜色。

如果采集区域是对象的轮廓线，滴管光标附近将出现铅笔标志。单击采集颜色后，光标将变成墨水瓶形状。"墨水瓶工具"当前的颜色就是所采集的颜色。

4．渐变变形工具

"渐变变形工具" 📷 主要用于调整填充的渐变色。它可以调整渐变色的方向、范围和角度等，从而使图形的填充效果更加符合要求。

单击工具箱中的"任意变形工具"按钮📷，在其下拉列表框中选择"渐变变形工具"选项，即可调整填充的渐变色，渐变方式包括线性渐变和放射性渐变。

（1）线性渐变

首先绘制一个线性渐变矩形，在工具箱中单击"渐变变形工具"按钮📷，再在矩形上单击，将显示出控制柄，如图 2-54 所示。

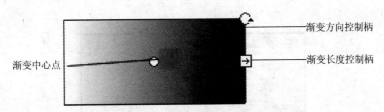

图 2-54　线性渐变控制柄

● 按住渐变中心点并拖动，可以移动对象中渐变的整体位置。
● 按住渐变长度控制柄并拖动，可以调整渐变长度。
● 按住渐变方向控制柄并拖动，可以调整渐变方向。

（2）放射状渐变

首先绘制一个放射状渐变矩形，在工具箱中单击"渐变变形工具"按钮📷，再在矩形上单击，将显示出控制柄，如图 2-55 所示。

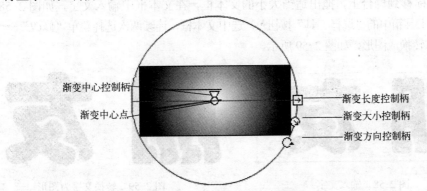

图 2-55　放射状渐变控制柄

● 按住渐变中心点并拖动，可以移动对象中渐变的整体位置。
● 按住渐变中心控制柄并拖动，可以移动渐变中心点。
● 按住渐变大小控制柄并拖动，可以沿渐变中心店位置增大或减少渐变图案。
● 按住渐变长度控制柄并拖动，可以调整渐变长度。

● 按住渐变方向控制柄并拖动，可以调整渐变方向。

2.3 任务3：利用文本工具制作特殊效果文字"朋友"

2.3.1 任务说明

本任务利用文本工具制作具有特殊效果的文字"朋友"，其效果如图2-56所示。

2.3.2 任务步骤

1）新建一个Flash文档，在工具箱中单击"文本工具"按钮 T，在属性面板中设置"系列"为"华文琥珀"，"大小"为100.0点，"字母间距为"为30，"颜色"为黑色（#000000），如图2-57所示。

图2-56　文字效果图

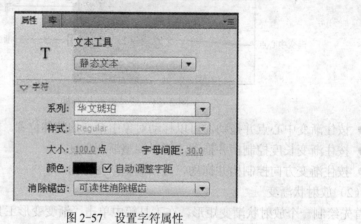

图2-57　设置字符属性

2）将光标移到舞台上，拖出适当大小的文本框，在文本框中输入文字，如图2-58所示。

3）单击工具箱中的"选择工具"按钮 ，选中文本框，连续两次选择菜单"修改"→"分离"命令，将文本转换成图形，如图2-59所示。

图2-58　输入文字　　　　　　　　　　图2-59　转换文字为图形

4）单击工具箱中的"墨水瓶工具"按钮 ，在属性面板中设置"笔触颜色"为红色，"填充颜色"为"无"，"笔触大小"为2，"样式"为"实线"，如图2-60所示。

5）将光标移到舞台上，在所选文字上单击，得到红色描边效果，如图2-61所示。

6）单击工具箱中的"颜料桶工具"按钮 ，选择菜单"窗口"→"颜色"命令，打开"颜色面板"，在"类型"中选择"位图"，打开导入到库对话框，选择文件所在路径，单击"打开"按钮，导入背景图片"填充纹理.gif"。

图 2-60　设置笔触　　　　　　　　　　图 2-61　填充笔触

7）导入素材到库后，将光标移到舞台上，在所选文字上单击，得到文字的填充效果，效果如图 2-56 所示。

2.3.3　知识进阶

文字在动画中起着画龙点睛的作用，文字和图形的结合可以更加生动地传递信息。在Flash CS4 中，用户可以使用文本工具添加各种文字，并借助其他绘图工具制作文本，丰富文字效果，使动画更加丰富精彩。

1.　设置文本属性

用户可以使用"文本工具"的属性面板进行文本的字体、大小、颜色等设置，从而编辑出更丰富的文本样式。

"文本工具"所对应的属性面板如图 2-62 所示。

（1）字符

"字符"选项组中各参数的含义如下。

● 系列：单击右侧的下拉按钮，从弹出的下拉列表中可以选择文本的字体系列，如图 2-63 所示。单击右侧的滑块或按钮，可以显示其他字体系列。

图 2-62　"文本工具"的属性面板　　　　　图 2-63　选择文本字体

31

- 样式："样式"选项只有在"系列"下拉列表中选择英文字体系列时才会被激活，如图 2-64 所示。
- 大小：用于设置文本的字体大小。单击已经设置好的字体数值，在弹出的文本框中可以输入数值重新设置字体大小。
- 字母间距：用于设置选定字符或整个文本块的间距。其设置方法与字体大小的设置方法相同，其取值范围为-60～60。
- 颜色：用于设置文本的颜色。单击"文本填充颜色"按钮可以打开调色板。在调色板中用户可以自由选择喜欢的颜色，也可以自定义颜色。
- 消除锯齿：单击"消除锯齿"右侧的下拉按钮，在弹出的下拉列表中共有 5 个选项，如图 2-65 所示。其中，各选项的含义分别如下。

　　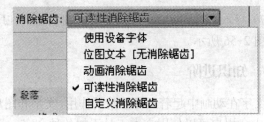

图 2-64　选择文本样式　　　　　　　　图 2-65　"消除锯齿"模式

- "使用设备字体"：使用本地计算机上安装的字体显示文本。使用设备字体时，应选择最常用的字体系列。
- "位图文本[无消除锯齿]"：关闭消除锯齿功能，不对文本提供平滑处理。位图文本的大小与导出文本大小相同时，文本比较清晰。但对文本缩放后，文本显示效果比较差。
- "动画消除锯齿"：通过忽略对齐方式和字距微调信息来创建更平滑的动画。为提高清晰度，应在指定此选项时，使用 10 点或更大的字号。
- "可读性消除锯齿"：使用Flash文本程序来改进字体的清晰度，特别是较小字体的清晰度。
- "自定义消除锯齿"：可以修改字体消除锯齿的方式。

- 其他按钮：在"文本工具"的属性面板中，还有许多按钮，如图 2-66 所示。各按钮的作用分别如下。

图 2-66　其他按钮

- 单击"可选"按钮，可以设置运行动画后，是否选择文本。
- 单击"将文本呈现为 HTML"按钮，可以设置文本是否呈现 HTML。
- 单击"在文本周围显示边框"按钮，可以设置是否在文本周围显示边框。
- 单击"切换上标"按钮和"切换下标"按钮，可以将选定文本设置为上标或者下标。

其中，"可选"按钮只对静态文本和动态文本类型有效；"将文本呈现为 HTML"和"在文本周围显示边框"按钮只对动态文本和输入文本类型有效。

（2）段落

在"段落"选项组中，各参数的含义分别如下。

- 格式：利用"格式"选项，用户可以为当前段落选择文本的对齐方式。Flash CS4 提供了"左对齐" ，"居中对齐" ，"右对齐" ，"两端对齐"  4 种方式。
- 间距：用于定义当前段落的缩进和行距。
- 边距：用于定义当前段落的左边距和右边距。
- 行为：用于设置文本的行为类型。该选项只对动态文本和输入文本类型有效。如果文本类型为"动态文本"，与之对应的行为类型有"单行"、"多行"和"多行不换行" 3 个选项；如果文本类型为"输入文本"，与之对应的行类型有"单行"、"多行"、"多行不换行"和"密码" 4 个选项。
- 方向：用于设置文本的方向。该选项只对静态文本类型有效。在"方向"下拉列表框中共有"水平"、"垂直，从左到右"和"垂直，从右到左" 3 个选项。

2. 编辑文本

（1）分离文本

在Flash CS4 中，用户想要创建丰富多彩的文本效果，有时需要对文本进行渐变色填充或者绘制边框路径等。但这些操作只适用于图形，不能直接作用于文本对象。为了实现这些操作，用户可以将文本分离，转换成可编辑状态的矢量图形。

分离文本的操作步骤如下。

1）使用工具箱中的"选择工具"，选择需要分离的文本，如图 2-67 所示。

2）选择菜单"修改"→"分离"命令，将原来单个文本框拆成数个文本框，用户可以对其中的任意字符进行单独文本操作，如图 2-68 所示。

图 2-67　选择文本　　　　　　　　　　图 2-68　分离文本

3）再一次选择"修改"→"分离"命令，即可将再经过一次分离的文本转换为矢量图形，显示为暗网格外观，如图 2-69 所示。

将文字分离的过程是不可逆的，即不能将矢量图形转换为单个文字。

（2）编辑矢量文本

文本转换成矢量图形后，可以使用"绘图工具"编辑，如对其进行填充着色、添加边框线和变形等操作。具体操作步骤如下。

1）选中文本矢量图形，选择属性面板中的"填充颜色"按钮，打开调色板，如图 2-70 所示。

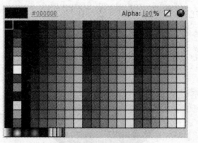

图 2-69　两次分离文本　　　　　　　　图 2-70　调色板

2）选择合适的颜色或者渐变色对其进行填充，效果如图 2-71 所示。

3）使用工具箱中的"选择工具"选择文本，可对文本进行编辑操作，从而改变文本的形状，效果如图 2-72 所示。

4）单击工具箱中的"墨水瓶工具"按钮 ，设置"笔触颜色"为蓝色，然后在文本上单击即可为文本添加边框，效果如图 2-73 所示。

图 2-71　填充文本颜色　　　图 2-72　改变文本形状　　　图 2-73　为文本添加边框

3. 设置文本类型

在Flash CS4 中，使用文本工具可以创建"静态文本"、"动态文本"和"输入文本"3 种类型的文本。每种类型的文本，都适合不同的场合。用户可根据自己预设的动画效果选择适当的文本类型，如图 2-74 所示。

- "静态文本"：在动画播放过程中内容不会发生改变。
- "动态文本"：在动画播放过程中可以动态地显示一些数据，如股票价格或者天气情况。
- "输入文本"：支持动画播放过程中及时地输入文本。留言簿或调查表都是用这种类型的文本，可以制作互动效果。

图 2-74　选择文本类型

2.4　任务 4：利用"Deco 工具"制作"藤蔓式填充球"

2.4.1　任务说明

本任务是使用Flash CS4 新增的"Deco 工具"制作"藤蔓式填充球"。其效果如图 2-75 所示。

2.4.2　任务步骤

1）新建一个 Flash 文档，在工具箱中单击"椭圆工具"按钮 ，在属性面板中设置"笔触颜色"为蓝色，"填充颜色"为无，其他设置为默认设置，按住〈Shift〉键不放，在舞台上绘制一个正圆形。

2）单击工具箱中的"颜料桶工具"按钮 ，选择菜单"窗口"→"颜色"命令，打开颜色面板，在"类型"中选择"放射状"，左边色柄设置为#FFFFFF，右边色柄设置为#0000FF，为圆形填充渐变色，如图 2-76 所示。

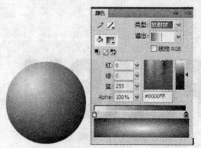

图 2-75　"藤蔓式填充球"效果图　　　图 2-76　填充渐变色

3）使用工具箱中的"选择工具"选中圆形，选择菜单"修改"→"转换为元件"命令，将圆形转换为"影片剪辑"，设置"名称"为"球"，如图 2-77 所示。

4）单击工具箱中的"多角星形工具" ⬡，在其属性面板中设置"笔触颜色"为无，"填充颜色"为白色，在"工具设置"对话框中，设置"样式"为"星形"，"边数"为 5，如图 2-78 所示。

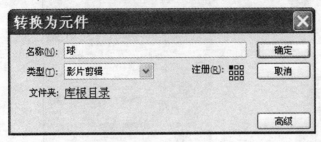

图 2-77 "转换为元件"对话框　　　图 2-78 多角星形"工具设置"对话框

5）绘制一个星形图形，将星形图形转换为元件，设置"名称"为"星星"，"类型"为"影片剪辑"。

6）绘制一个直径为 2 像素的浅绿色圆形，将其转换为元件，设置"名称"为"叶子"，"类型"为"影片剪辑"。

7）在工具箱中选择"Deco 工具" ✐，在其属性面板中，单击"叶子"选项中的"编辑"按钮，在弹出的"交换元件"对话框中，选择"叶子"，如图 2-79 所示。

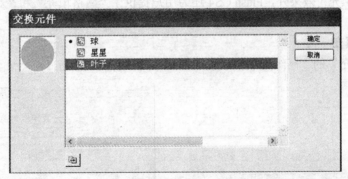

图 2-79 "交换元件"对话框

8）同样，在"花"选项中选择"星星"，如图 2-80 所示。

9）在舞台上单击影片剪辑 "球"，生成藤蔓式图形，效果如图 2-75 所示。

2.4.3 知识进阶

使用"Deco 工具"可以将创建的图形形状转变为复杂的几何图案。"Deco 工具"使用算术计算（称为过程绘图）并应用于库中创建的影片剪辑或图形元件。这样，用户就可以使用任何图形形状或对象创建复杂的图案，它可以将一个或多个元件与"Deco 工具"一起使用以创建万花筒效果，丰富 Flash 的绘图表现能力。

在工具箱中单击"Deco 工具"按钮 ✐ ，然后将光标移到舞台上，就可以使用"Deco 工具"绘制图形。

"Deco 工具"的默认属性面板如图 2-81 所示。

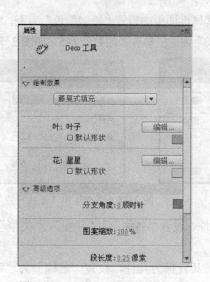

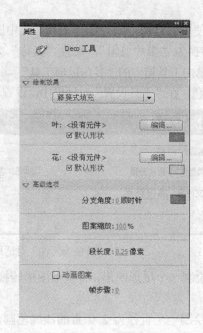

图 2-80 "Deco 工具"的属性面板　　　　图 2-81 "Deco 工具"的默认属性面板

在"绘制效果"选项组下，从其下拉列表框中可以选择的"Deco 工具"绘图效果。除了默认的"藤蔓式填充"效果外，Flash CS4 还为用户提供了"网格填充"和"对称刷子"效果，如图 2-82 所示。

1. 藤蔓式填充

"藤蔓式填充"的"高级选项"设置如图 2-83 所示。

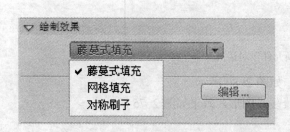

图 2-82 选择填充模式

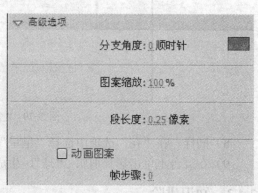

图 2-83 "藤蔓式填充"的"高级选项"设置

其中，各参数的含义分别如下。

- "分支角度"：指定分支图案的角度。
- "分支颜色"：指定分支图案的颜色。
- "图案缩放"：对图案进行放大或缩小操作。
- "段长度"：指定叶子节点和花朵节点之间的距离。
- "动画方案"：选中该复选框后，将指定效果的每次迭代都绘制到时间轴的新帧中。在绘制花朵图案时，此选项将创建花朵图案的逐帧动画序列。

- "帧步骤"：指定绘制效果时，每秒要横跨的帧数。

2．网格填充

"网格填充"效果可以应用于创建平铺背景或使用自定义图案填充形状。

"网格填充"的"高级选项"设置如图2-84所示。

其中，各参数的含义分别如下。

- "水平间距"：指定"网格填充"中所用形状之间的水平距离。
- "垂直间距"：指定"网格填充"中所用形状之间的垂直距离。
- "图案缩放"：其功能与"藤蔓式填充"下的"图案缩放"一样，对图案进行放大或缩小操作。

3．对称刷子

"对称刷子"效果可用于创建对称图案，产生类似镜像的效果。其"高级选项"设置如图2-85所示。

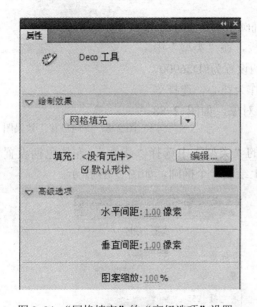

图2-84　"网格填充"的"高级选项"设置　　　图2-85　"对称刷子"的"高级选项"设置

在该属性面板中，"高级选项"选项组中的下拉菜单提供了4种对称方式，如图2-86所示。

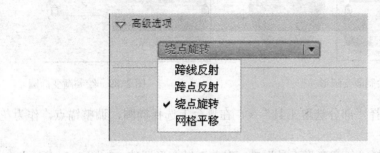

图2-86　4种对称方式

- “跨线反射”：以某条线为中心轴等距离反转形状。
- “跨点反射”：以某固定点等距离放置形状。
- “绕点旋转”：围绕某固定点旋转对称的形状。该选项为默认选项。
- “网格平移”：使用按对称效果绘制的形状创建网格。

2.5 任务 5：利用编辑修改工具制作“向日葵”

2.5.1 任务说明

本任务是应用 Flash CS4 中的编辑修改工具绘制“向日葵”。其效果如图 2-87 所示。

2.5.2 任务步骤

1）新建一个 Flash 文档，在工具箱中单击“椭圆工具”按钮◯，选择菜单“窗口”→“颜色”命令，打开颜色面板，在“类型”中选择“放射状”，左边色柄设置为#FFFF00，右边色柄设置为#D26900，按住〈Shift〉键不放，在舞台上绘制一个圆形，作为花心，选择菜单“修改”→“组合”命令，将花心组合成一个对象，如图 2-88 所示。

图 2-87 “向日葵”效果图

2）单击“椭圆工具”按钮◯，在颜色面板的“类型”中选择“线性”，左边色柄设置为#FFFF00，右边色柄设置为#FFFF66，在舞台上绘制一个椭圆，如图 2-89 所示。

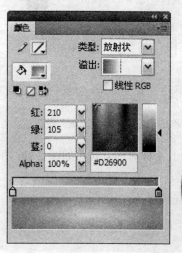

图 2-88 绘制渐变圆形

图 2-89 绘制渐变椭圆

3）在工具箱中选择“部分选取工具”，在舞台上选择椭圆，调整锚点，作为花瓣，如图 2-90 所示。

4）在工具箱中选择“任意变形工具”，对花瓣做变形调整，如图 2-91 所示。

5）选中花瓣，选择菜单“修改”→“组合”命令，将花瓣组合成一个对象，并移动到花心上，如图 2-92 所示。

6）在工具箱中选择"任意变形工具" ，将花瓣的中心移至花心的中心，如图 2-93 所示。

图 2-90　调整椭圆　图 2-91　对椭圆变形　　图 2-92　移动花瓣　　图 2-93　移动旋转中心

7）选择菜单"窗口"→"变形"命令，在打开的变形面板中，设置"旋转"为 15，重复点击"重置选取和变形" ，旋转复制花瓣，如图 2-94 所示。

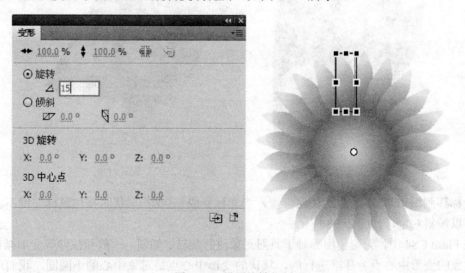

图 2-94　设置旋转复制

8）选中花心，选择菜单"修改"→"排列"→"移至顶层"命令，即可绘制出漂亮的向日葵。

2.5.3　知识进阶

Flash CS4 为用户提供了强大的图形编辑功能，使用这些功能，用户可以制作出更加精美的图形。

1．任意变形工具

"任意变形工具"  的主要作用是使图形对象变形，在 Flash 动画制作过程中经常用到这个工具。在工具箱中单击"任意变形工具"按钮 ，其对应的工具选项如图 2-95 所示。

紧贴至对象
旋转与倾斜
缩放
扭曲
封套

图 2-95　"任意变形工具"的工具选项设置

其中，后4个参数含义如下。

● "旋转与倾斜"：旋转对象，调整对象的角度。

● "缩放"：放大或缩小对象，调整对象的大小

● "扭曲"：调整对象的控制柄，使其自由扭曲。

● "封套"：得到一些更加特殊的效果。

（1）旋转与倾斜

选择菜单"文件"→"导入"→"导入到舞台"命令，导入素材文件"flower.jpg"。如图 2-96 所示。

单击"任意变形工具"按钮 ，选中舞台上的编辑对象。单击其对应的工具选项中的"旋转与倾斜"按钮 ；或者将光标移到舞台上的编辑对象的 4 个角附近，当光标变成 形状时，按住鼠标左键不放并拖动，可以旋转对象，如图 2-97 所示。

图 2-96　导入素材文件　　　　　　　　图 2-97　旋转对象

光标移到编辑对象 4 边的任何位置，当光标变成 或 形状时按住鼠标左键不放并拖动，可以倾斜对象，如图 2-98 所示。

在 Flash CS4 中，无论使用哪种工具对对象进行旋转、倾斜、缩放和拉伸等变形操作，都是以对象的变形中心点为基准进行的，默认的变形中心点是对象中心的小圆圈，我们可以用鼠标拖动的方式改变中心点位置，如图 2-99 所示。

图 2-98　倾斜对象　　　　　　图 2-99　改变对象的变形中心点位置

40

（2）缩放

单击"任意变形工具"对应的工具选项中的"缩放"按钮 📐；或者将光标移到舞台上的编辑对象的 4 边中间的控制柄上，当光标变成 ↔、↕ 形状时，拖动鼠标可以改变对象的宽度和高度，从而进行对象的缩放。将光标移到舞台上的编辑对象的 4 个角上，当光标变成 ↗ 形状时，拖动鼠标可以同时改变对象的宽度和高度，如图 2-100 所示。

图 2-100 缩放对象

（3）扭曲

使用"任意变形工具"可以对编辑对象进行任意扭曲变形操作，将对象的形状修改为任意形状，制作出形态丰富的动画效果。

要扭曲变形的对象必须是填充形式（如矢量图），如果是其他形式的对象（如位图），需要先进行分离或转换为矢量图的操作才能进行扭曲操作。

单击"任意变形工具"按钮 ▦，选中舞台上的编辑对象，单击其对应的工具选项中的"扭曲"按钮；或者将光标移到编辑对象的黑色方块控制柄上，按住〈Ctrl〉键。当光标变成 ▷ 形状时，按住鼠标左键不放并拖动，即可扭曲图像，如图 2-101 所示。

（4）封套

使用"任意变形工具"的"封套"工具选项，可以制作出更加细致和精确的变形效果。

单击"任意变形工具"按钮 ▦，选中舞台上的编辑对象，单击其对应的工具选项中的"封套"按钮，对象的边框上多了很多黑色圆形控制柄，拖动控制并可以制作出精细的变形效果，如图 2-102 所示。

图 2-101 扭曲对象　　　　　　　　　　图 2-102 封套效果

2．变形与对齐面板

在 Flash CS4 中可以使用变形与对齐面板对图形进行编辑。

（1）变形面板

使用变形面板可以对对象进行缩放、旋转和倾斜等操作。选择菜单"窗口"→"变形"命令或按〈Ctrl+T〉组合键，即可打开变形面板，如图 2-103 所示。

（2）对齐面板

使用对齐面板可以快速调整对象的位置。选择菜单"窗口"→"对齐"命令，即可打开对齐面板，如图 2-104 所示。

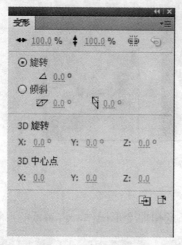

图 2-103　变形面板

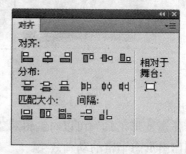

图 2-104　对齐面板

各参数含义如下。

● 对齐：在"对齐"选项中，有 6 种图形对齐方式。

● 分布：在"分布"选项中，有 6 种图形分布方式。

● 匹配大小：在"匹配大小"选项中，有 3 种图形匹配大小方式。

● 间隔：在"间隔"选项中，有两种图形间隔方式。

● 相对于舞台：单击"相对于舞台"按钮口，在调整图像位置时，以整个舞台为标准进行对齐调整。如果该按钮为未激活状态，则对齐图形时以某个图形的相对位置为标准。

2.6　任务 6：图形导入制作"手机广告"

2.6.1　任务说明

本任务应用图形导入功能绘制"手机广告"。其效果如图 2-105 所示。

2.6.2　任务步骤

1）新建一个 Flash 文档，设置舞台大小为 500×600 像素，在工具箱中单击"矩形工具"按钮口，在属性面板中设置"笔触颜色"为黑色，"填充颜色"为#CCCCCC，"矩形选项"中矩形边角半径设置为 30.00，其他设置为默认设置，在舞台上绘制一个圆角矩形，如图 2-106 所示。

2）复制圆角矩形，利用工具箱中的"任意变形工具"▦缩小至满意大小，移动至原圆角矩形上，将新生成的圆角矩形的填充色设置为白色，如图 2-107 所示。

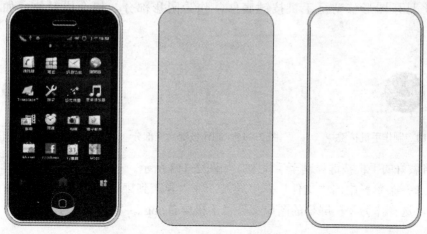

图 2-105 "手机广告"效果图　　图 2-106 绘制圆角矩形　　图 2-107 复制圆角矩形

3）同样，新生成一个圆角矩形，缩小移动至重叠的两个圆角矩形上，并设置填充色为黑色。

4）选中重叠的 3 个圆角矩形，选择菜单"修改"→"对齐"→"垂直居中"命令，接着选择菜单"修改"→"对齐"→"水平居中"命令，对圆角矩形进行水平垂直居中对齐；选择菜单"修改"→"组合"命令，将圆角矩形组合成一个对象，如图 2-108 所示。

5）在工具箱中单击"矩形工具"按钮◻，在属性面板中设置"笔触颜色"为#666666，"填充颜色"为黑色，"矩形选项"中矩形边角半径设置为 50.00，其他设置为默认设置，在舞台上绘制一个小圆角矩形，复制该圆角矩形，将"笔触颜色"和"填充颜色"均设置为白色，与小圆角矩形部分重叠，露出白色底边，组合成新对象移动到手机上，作为手机的听筒，如图 2-109 所示。

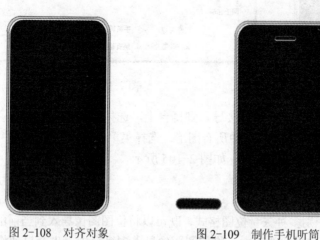

图 2-108 对齐对象　　图 2-109 制作手机听筒

6）同样，绘制一圆形，设置其"笔触颜色"为#666666，"填充颜色"为黑色；再绘制一圆角矩形，设置其"笔触颜色"为#CCCCCC，"填充颜色"为无，将其移动至圆角矩形上，作为手机的按键，如图 2-110 所示。

7）绘制一与按键同大小的圆形，再任意绘制一椭圆，选择菜单"修改"→"合并对象"→"联合"命令，修剪成月牙形状，作为按键高光部分，如图2-111所示。

8）将月牙图形移动至手机按键底部，作为阴影部分，组合成对象，如图 2-112所示。

图2-110　制作手机按键　　　图2-111　制作按键高光部分　　　图2-112　组合对象

9）将做好的手机按键移动至手机上，如图2-113所示。

10）选择菜单栏中的"文件"→"导入"→"导入到舞台"命令，在弹出的"导入"对话框中，选择作为手机屏幕的图像文件"手机屏幕.jpg"，如图2-114所示。

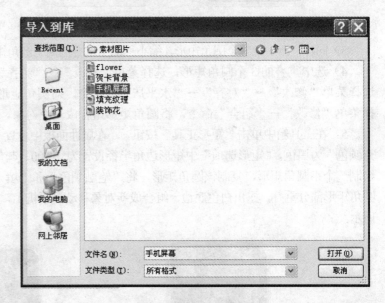

图2-113　移动对象　　　　　　　　　　　图2-114　导入对象

11）单击打开按钮，将图像直接导入到舞台上，选择工具箱中的"任意变形工具" ，调整图像大小，移动到手机上，选中所有图形，选择菜单"修改"→"对齐"→"水平居中"命令，对齐图形，完成手机的绘制，如图2-105所示。

2.6.3　知识进阶

Flash CS4能够识别多种矢量位图格式，既可以将位图图像导入到当前的舞台中，也可以将位图图像导入到当前文件的库中。将位图图像导入到舞台中，也会自动将位图图像导入到该文档的库中。

如将图像导入到库中，则选择菜单"文件"→"导入"→"导入到库"命令，如图2-115所示。

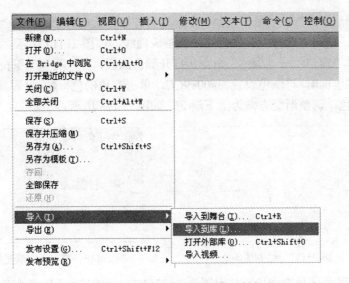

图 2-115　选择"导入到库"命令

在弹出的"导入"对话框中，选择图像文件的路径以及需要的图像文件，单击打开按钮，在库面板中即可查看导入的位图图像，用户可以对其进行修改。

2.7　操作进阶：绘制卡通风景画

2.7.1　项目说明

本任务综合应用 Flash CS4 的绘图工具、色彩工具、编辑修改工具、文字工具绘制卡通风景画。其效果如图 2-116 所示。

图 2-116　卡通风景画效果图

2.7.2　制作步骤

1）新建一个 Flash 文档，设置文档大小为 550 像素×400 像素。

2）使用"矩形工具"在场景中绘制一个与舞台差不多大的矩形，使用"线条工具"在矩形内部绘制线段，使用"选择工具"将线段调整成曲线，如图 2-117 所示。

3）选择菜单"窗口"→"颜色"命令，打开颜色面板，在"类型"下拉列表中选择"线性"，单击左边的色标▣，将颜色设置为#0099CC，单击右边的色标▣，设置颜色为#FFFFFF，为天空填充渐变色，调整渐变方向为上下渐变，如图 2-118 所示。

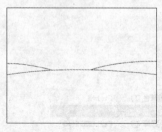

图 2-117　绘制线条

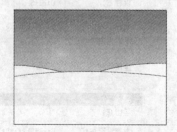

图 2-118　填充天空渐变色

4）同理，在颜色面板中将填充色设置为"#33FF33→#003300"的渐变色，为草地填充线性渐变色，并删除线条，如图 2-119 所示。

5）使用"钢笔工具"绘制树木，填充渐变色，将树木作为图形元件保存到库中，元件名称为"树木"如图 2-120 所示。

图 2-119　填充草地渐变色

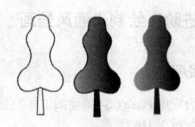

图 2-120　绘制树木

6）将库面板中的"树木"元件拖动到舞台上，使用"任意变形工具"调整树木的大小，如图 2-121 所示。

7）使用"矩形工具"和"椭圆工具"绘制房子，使用"部分选取工具"调整锚点，绘制成房子形状，填充颜色，删除线条，如图 2-122 所示。

图 2-121　导入树木到舞台

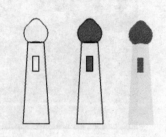

图 2-122　绘制房子

8）使用"矩形工具"绘制矩形，调整中心点，旋转复制矩形，作为风车如图 2-123 所示。

9）将风车移动到屋顶上，选中所有对象，将房子转换为元件，设置"类型"为"影片剪辑"，"名称"为"房子"，保存到库中，如图 2-124 所示。

10）将元件"房子"从库中拖动到舞台上，调整房子的大小，如图 2-125 所示。

图 2-123 旋转复制矩形　　　图 2-124 "房子"元件　　　图 2-125 导入"房子"

11）使用"椭圆工具"绘制椭圆，将 Alpha 值设置为 80%，颜色为白色，填充半透明白色，调整锚点，删除线条，作为云朵，并转换为元件，设置"类型"为"影片剪辑"，"名称"为"云朵"，保存到库中，如图 2-126 所示。

12）将元件"云朵"从库中拖动到舞台上，调整云朵的大小，如图 2-127 所示。

图 2-126 绘制云朵　　　　　　　　　图 2-127 导入"云朵"

13）使用"钢笔工具"绘制出小路，填充颜色，删除线条，如图 2-128 所示。

14）使用"文本工具"添加文字"Spring…"，在属性面板中设置"系列"为 Edwardian Script ITC，"大小"为 40.0 点，"字母间距"为 5，如图 2-129 所示。

图 2-128 绘制小路　　　　　　　图 2-129 添加文字

15）选中文本框，连续两次选择菜单"修改"→"分离"命令，将文本转换成图形，调整单个字母大小，即可完成图形的绘制。

2.8 习题

1．填空题

（1）绘制椭圆时按住〈_____〉键即可绘制正圆。

（2）使用"_____工具"可以移动编辑窗口中的显示内容。

（3）使用_____面板可以对齐、匹配大小或分布舞台上元素间的相对位置以及相对于舞台位置。

（4）若要设置颜色完全透明，需在颜色面板中改变 Alpha 值为_____。

（5）选择"_____ 工具"，可以改变图形的中心控制点。

2．选择题

（1）"_____ 工具"可以改变绘制图形的线条颜色。

A．颜料桶　　　　B．墨水瓶　　　　C．钢笔　　　　　D．铅笔

（2）使用"文本工具"输入的文字只能在属性面板中设置纯色的颜色，为了填充渐变色，必须分离成_____ 。

A．矢量图　　　　B．位图　　　　　C．元件　　　　　D．组合体

（3）绘制直线时，按住_____键，可以绘制出水平直线。

A．〈Shift〉　　　B．〈Alt〉　　　　C．〈Shift+Alt〉　　D．〈Del〉

（4）使用 Flash CS4 新增的"_____工具"可以将创建的图形形状转变为复杂的几何图案。。

A．骨骼　　　　　B．3D 旋转　　　C．Deco　　　　　D．任意变形

（5）利用"_____工具"选择不规则的区域。

A．部分选取　　　B．选择　　　　　C．索套　　　　　D．滴管

3．问答题

（1）如何对图形进行缩放、倾斜、翻转操作？

（2）如何为图形添加渐变色，并对其渐变色进行调整？

（3）在 Flash CS4 中可以创建哪几种文本？其含义是什么？默认的文本是哪种？

实训二　Flash 基本图形的绘制

一、实训目的

1．掌握 Flash CS4 的绘图工具的使用方法。

2．掌握 Flash CS4 的色彩工具的使用方法。

3．掌握应用 Flash CS4 的绘图工具和色彩工具制作图形并填充颜色。

二、实训内容

使用基本绘图工具绘制卡通企鹅。其效果如图 2-130 所示。

步骤提示：

图 2-130　绘制企鹅头像

1）新建 Flash CS4 文档，设置文档大小为 550×400 像素。

2）使用"椭圆工具"绘制一个椭圆，使用"选择工具"调整曲线，作为企鹅的身体轮廓。

3）在舞台上绘制 3 个交汇的椭圆，使用"选择工具"调整曲线，并删除多余曲线，作为企鹅的眼睛和腹部轮廓。

4）使用"椭圆工具"绘制一个椭圆，使用"选择工具"调整为嘴巴形状。

5）使用"多角星形工具"绘制企鹅的领结。

6）使用"线条工具"绘制企鹅的头发。

7）使用"椭圆工具"为企鹅添加手和脚，使用"选择工具"删除多余曲线，即可完成企鹅线条的绘制。

8）使用"颜料桶工具"为企鹅填充颜色。

实训三　Flash 综合图形的绘制

一、实训目的

1．掌握 Flash CS4 的绘图工具的使用方法。

2．掌握 Flash CS4 的色彩工具的使用方法。

3．了解和掌握 Flash CS4 的文本工具和图片素材的配合使用方法。

二、实训内容

使用绘图工具、文本工具和图片素材完成制作中秋贺卡。其效果如图 2-131 所示。

图 2-131　制作中秋贺卡

步骤提示：

1）新建 Flash CS4 文档，设置文档大小为 550×400 像素。

2）创建一个影片剪辑元件，在其中制作月亮，填充为黄色渐变。

3）导入素材图片"贺卡背景.jpg"、"装饰花.png"到场景中，并为元件"月亮"添加滤镜。

4）使用"文本工具"在场景中添加文字"花好月圆"、"秋"，并对文本设置其大小、颜色和滤镜。

5）复制场景中的元件"月亮"，使用"任意变形工具"调整大小，装饰在场景中，即可完成中秋贺卡的绘制。

实训四　色彩的填充和调整

一、实训目的
1. 掌握 Flash CS4 的颜色填充工具的使用方法。
2. 掌握 Flash CS4 的渐变变形工具的使用方法。
3. 掌握应用 Flash CS4 的绘图工具和色彩工具制作图形并填充颜色。

二、实训内容
使用基本工具绘制一只瓢虫，并对其填充颜色和渐变色。其效果如图 2-132 所示。

步骤提示：

1）新建 Flash CS4 文档，设置文档大小为 550×400像素"。

2）使用"椭圆工具"绘制圆形，填充"白→红"放射状渐变色，调整渐变方向，作为瓢虫的背部。

3）使用"椭圆工具"绘制一椭圆，填充色为黑色，作为瓢虫头部移动到背部下方。

4）使用"钢笔工具"绘制瓢虫的触角，使用"线条工具"绘制瓢虫翅膀的分界线。

图 2-132　制作瓢虫

5）使用"椭圆工具"绘制椭圆，作为瓢虫翅膀上的斑点，并调整斑点的大小、角度及位置。

6）使用"椭圆工具"绘制椭圆，填充半透明渐变，作为瓢虫头部的高光部分，同样方法做出瓢虫翅膀的高光部分。

7）为瓢虫添加绿色渐变背景，即可完成瓢虫的绘制。

实训五　LOGO 的设计

一、实训目的
1. 掌握 Flash CS4 的绘图工具的使用方法。
2. 掌握 Flash CS4 的文本工具的使用方法。
3. 熟悉网站 LOGO 的设计方法。

二、实训内容
综合应用 Flash CS4 的绘图工具和文本工具设计网站 LOGO。其效果如图 2-133 所示。

步骤提示：

1）新建 Flash CS4 文档，设置文档大小为 350×150 像素。

2）创建一个影片剪辑元件，在其中制作脚印图形。

图 2-133　制作网站 LOGO

3）使用"文本工具"在舞台上输入文字"闽"、"福建旅游网"、"www.fj-travel.com"，设置文字属性。

4）选中文字"闽"，将文字分离，使用"橡皮擦工具"，擦除文字上的点。

5）将元件"脚印"从库中拖动到舞台上，调整脚印的大小，即可完成网站 LOGO 的设计。

项目 3 元件、实例和库的使用

本项目要点

- 元件、实例和库的概念
- 图形元件应用
- 影片剪辑元件应用
- 按钮元件应用
- 元件与实例综合应用

元件和实例是 Flash 中非常重要的概念，它们是制作动画不可或缺的重要角色。元件是存放在库中可被重复使用的图形、动画片段或按钮等动画元素，这样就便于在制作复杂动画过程中多次调用。实例是指位于舞台上或者嵌套于另一个元件内的元件副本，对其颜色、大小和功能的修改不会影响元件本身的属性。

Flash 元件共有 3 种基本类型，分别是图形、影片剪辑和按钮元件。此外，在 Flash CS4 中还有一种特殊的元件，即字体元件。

库是 Flash 中所有可以重复使用的动画元素的存储仓库。在 Flash CS4 中，创建的元件和导入的文件都存储在库面板中。使用时可以反复从库中调用，并且库面板的资源可以在多个文档中使用。

3.1 任务 1：应用图形元件制作"五彩的气泡"

图形元件是可以反复使用的图形，是 Flash 中最简单的一种元件，通常是静态的图像或者是简单的动画，它可以是矢量图形、图像、文本对象、动画或者声音等，并可以创建链接到主影片时间轴的可重复播放的动画片段。图形元件的时间轴与主场景的时间轴同步，当影片停止时，图形元件的动画也随之停止。此外，交互式控件和声音在图形元件的动画序列中不起作用。图形元件的图标为 。

创建图形元件有两种方法：一种是直接创建一个空元件，然后在元件编辑模式下设计元件内容；另一种是将舞台中设计好的某个动画元素转换为元件。

3.1.1 任务说明

本任务是应用图形元件制作一个五彩气泡的静态画面。其效果如图 3-1 所示。

3.1.2 任务步骤

1）新建一个 Flash 文档，尺寸为 550×400 像素。

2）绘制舞台背景，打开"混色器"面板，设置填充颜色为线

图 3-1 "五彩气泡"效果图

性渐变（#FFFFFF，#66FFFF），然后单击"矩形工具"按钮绘制覆盖舞台大小的矩形。

3）单击菜单"插入"→"新建元件"命令，弹出"创建新元件"对话框，如图 3-2 所示。在"名称"文本框中输入新元件名称，命名为"气泡"。在"类型"下拉列表中选择"图形"选项。单击"确定"按钮，进入到图形元件的编辑状态。

图 3-2 "创建新元件"对话框

4）在图形元件的编辑窗口中，打开"混色器"面板，设置笔触颜色为透明、填充颜色为线性（#FFFFFF，#FFFF33，#33FF66，#FF66FF），然后单击"椭圆工具"按钮，按住〈Shift〉键，在元件编辑窗口中绘制一个圆形，如图 3-3 所示。

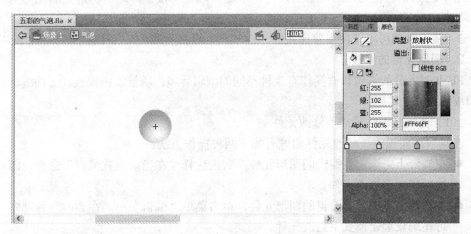

图 3-3 "气泡"图形元件的编辑窗口

5）单击上图编辑区左上角的场景名称"场景 1"，返回到场景的编辑状态。单击"时间轴"面板左下角的"新建图层"按钮，创建"图层 2"图层。

6）选中"图层 2"图层的第 1 帧，单击面板区的"库"面板，选择刚创建的图形元件，将其拖拽到舞台中就可以使用了。

7）按照上述步骤 6 依次在舞台中创建若干个气泡，并调整其大小与位置，即可完成如图 3-1 所示的效果图。

3.1.3 知识进阶

1. 图形元件的创建
（1）直接创建图形元件
在 Flash 中，可以新建一个空白图形元件，然后在其元件编辑模式下绘制图形或者导入其他动画元素,具体操作步骤可详见上述"任务步骤"中的介绍。

(2) 转换为图形元件

在 Flash 中,还可以将一个舞台中现有的对象转换为图形元件,具体操作步骤如下:

1) 在舞台中选择一个已经编辑好的图形对象,单击菜单"修改"→"转换为元件"命令(或者按〈F8〉快捷键),弹出"转换为元件"对话框,如图 3-4 所示。

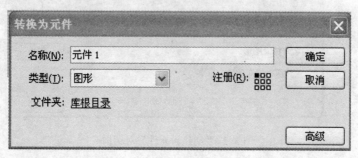

图 3-4 "转换为元件"对话框

2) 在"名称"文本框中输入新元件名称,在"类型"下拉列表中选择"图形"选项,在"注册"区域中调整元件的中心点位置,单击"确定"按钮,即可将选定的图形对象转换为图形元件。

3) 接下来就可以像使用普通元件一样,只需直接将元件从库中拖拽到舞台中即可。

2. 图形元件的修改

Flash 对元件的编辑修改操作有 3 种不同的编辑环境:场景编辑模式、元件编辑模式和新窗口编辑模式。

(1) 在场景编辑模式下修改元件

在场景编辑模式下修改元件通过有如下两种操作方法:

● 在舞台上先选定要编辑的图形元件,右击选择"在当前位置编辑"命令,即可在场景编辑模式下修改元件。

● 在舞台上先选定要编辑的图形元件,单击菜单"编辑"→"在当前位置编辑"命令即可在场景编辑模式下修改元件。

在此模式下其他未被选中的动画元素呈灰色显示,并且不可编辑。

(2) 在元件编辑模式下修改元件

在元件编辑模式下修改元件有如下三种操作方法:

● 在舞台上先选定要编辑的图形元件,右击选择"编辑"命令,即可在元件编辑模式下修改元件。

● 在舞台上先选定要编辑的图形元件,单击菜单"编辑"→"编辑元件"或"编辑所选项目"命令,即可在元件编辑模式下修改元件。

● 在"库"面板中双击所要编辑的元件,即可在元件编辑模式下修改元件。

在此模式下其他未被选中的动画元素将不会显示,只有被选元件可见并且可编辑,如图 3-5 所示。

(3) 在新窗口编辑模式下修改元件

在新窗口编辑模式下修改元件,即打开一个新的窗口,然后在此窗口中对元件进行修改操作。具体操作方法是：在舞台上先选定要编辑的图形元件，右击选择"在新窗口中编辑"命令，即可打开一个新的窗口对元件进行修改。

在此模式下会创建一个与原文件同名的文件窗口，所不同的是舞台左上角显示的是要修改的元件的名称，如图3-6所示。

 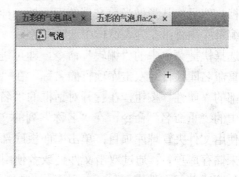

图 3-5　元件编辑模式下修改元件　　　　图 3-6　新窗口编辑模式下修改元件

在上述各种模式下修改元件具体的操作方法与在普通舞台上的编辑操作类似，修改完元件可以通过单击窗口左上角的"场景*"来返回主舞台。

3. 库的使用

Flash 文档中的库用于存放制作动画过程中创建的元件或导入的媒体资源。在导入图形、视频、声音等媒体资源以及创建各类元件后，库中就会自动显示出这些动画元素。使用 Flash时，可以打开任意 Flash 文档的库，并将该文档的库项目应用于当前文档。还可以在 Flash 中创建永久的库，将自己的媒体元素放入库中，使用时只要启动 Flash 就可以了。

（1）认识库面板

默认情况下自动显示在右侧的面板区中，只要单击相应的按钮即可打开该面板。如果库面板没有在面板区中，可使用"窗口"→"库"命令，打开库面板，如图3-7所示。

图 3-7　库面板

库面板主要分成上、下两部分，下半部分为列表窗口，主要用于显示库中所有项目的名称；上半部分为预览窗口，当在列表窗口中选中某个媒体元素时可以在此窗口中预览其内容。

（2）库面板的基本操作

在库面板中的元素称为库项目，有关库项目的基本操作有如下几种。

● 使用库项目：在当前文档中使用库项目，直接将库项目从库面板中拖拽到设计区；要在另一个文档中使用当前文档的库项目，可在另外一个文档的库面板中选择当前文档，然后将其当做当前文档的库面板一样使用。

● 编辑库项目：在列表窗口中选中对象后，使用库面板菜单中的"编辑"命令或者右击选择快捷菜单中的"编辑"命令，即可进入库项目的编辑模式。

● 重命名库项目：双击库项目的名称，在"名称"文本框中输入新名称；使用库面板下部的"属性"按钮，在打开对话框的"名称"文本框中输入新名称；使用库面板菜单中的"重命名"命令，在"名称"列的文本框中输入新名称。

● 使用文件夹管理库项目：单击库面板底部的"新建文件夹"按钮可以创建一个文件夹来储存库项目；通过双击文件夹或者使用库面板菜单中的"展开/折叠文件夹"命令来打开或关闭文件夹。

3.2 任务 2：应用影片剪辑元件制作"闪闪星"

3.2.1 任务说明

影片剪辑元件是 Flash 元件中使用最普遍、也是最有特色的一个，此类元件的时间轴独立于主时间轴。影片剪辑元件只有导出动画时，才可以查看效果，且其在自己的时间轴上从第 1 帧循环播放。影片剪辑元件可以设置实例名，同一个元件可以创建多个实例，每个实例可以有不同的名称，实例名一般是在动作（ActionScript）脚本中使用。该任务是应用影片剪辑元件制作一个星形彩灯闪烁的效果，如图 3-8 所示。

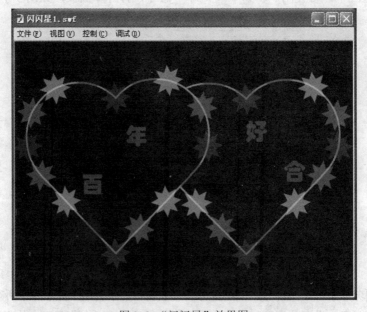

图 3-8 "闪闪星"效果图

3.2.2　任务步骤

1）新建一个 Flash 文档文件，尺寸为 550×400 像素，背景颜色默认为黑色。

2）单击菜单"插入"→"新建元件"命令，弹出"创建新元件"对话框。在"名称"文本框中输入新元件名称，命名为"红星"；在"类型"下拉列表中选择"影片剪辑"选项，如图 3-9 所示。单击"确定"按钮，进入到影片剪辑元件的编辑状态。

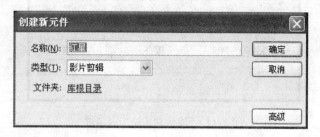

图 3-9　创建影片剪辑元件对话框

3）选择"多边形工具"，在其属性面板中设置"笔触"为"无"、"填充色"为"红色"。单击"选项"，设置"样式"为"星形"、"边数"为 8、"星形顶点大小"为 0.60，拖动鼠标绘制一个红色的八角星。

4）在"红星"影片剪辑元件的编辑窗口中选中第 1 帧为关键帧，右击选择"创建补间动画"命令，则自动在时间轴上创建补间的帧范围，将最后一帧拖拽至 50 帧。

5）在时间轴上选中第 50 帧，在属性面板中设置"旋转角度"为 360°。在舞台上单击选中星形，在属性面板中设置"色彩效果"列表中的 Alpha 值为 0。至此，"红星"影片剪辑效果设置完成，如图 3-10 所示。

图 3-10　"红星"影片剪辑完成效果

6）按照步骤 2～步骤 5 完成"蓝星"、"黄星"、"绿星" 3 个影片剪辑，并将"蓝星"和"绿星"两个影片剪辑的关键帧反转（右击其补间时间轴，选择"翻转关键帧"命令）。

7）单击舞台左上角的"场景 1"返回主舞台，使用"矩形工具"，在其属性面板中设置"笔触颜色"为"紫色"、"填充颜色"为"无"、"笔触大小"为 3，按〈Shift〉键拖拽鼠标绘制一个正方形；选择菜单"修改"→"变形"→"缩放和旋转"命令，在弹出的对话框中设置旋转角度为 45 度，如图 3-11 所示。

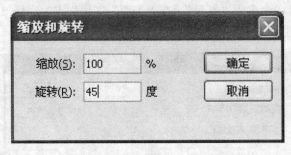

图 3-11 "缩放和旋转"对话框

8）使用"椭圆工具"，在其属性面板中设置"笔触颜色"为"紫色"、"填充色"为"无"、"笔触"为 3.00，按〈Shift〉键拖拽鼠标绘制一个正圆（直径与上述正方形边长相同）。

9）复制出一个正圆，并将两个正圆分别放于正方形两侧；调整两个正圆到正方形的上半部，删除中间多余的线条，选中所有线条后，选择菜单"修改"→"组合"命令将所有对象组合成一个整体。心形的制作过程如图 3-12 所示。

10）将上述制作的心形再复制一个，并将两个合并去除中间多余的线条。

11）从库中将各个元件分别拖拽到心形的边框上，并调整其大小。

12）使用"文本工具"分别创建"百"、"年"、"好"、"合"4 个文字对象，并分别调整到合适的位置，最终完成如图 3-8 所示效果。

图 3-12 心形的制作过程

3.2.3 知识进阶

1. 影片剪辑元件的时间轴

影片剪辑元件的时间轴不依赖于主时间轴。影片剪辑元件都是从它自己的第 1 帧开始循环播放。上述例子中的 4 个影片剪辑元件时间轴上的帧数都是一样的，因此播放的时候所有实例都是同步播放的。如果将每个元件的帧数都修改为不一样的，就会发现实例在播放过程还是按照各元件自己的时间轴去循环播放，而不是按主时间轴播放。

2．影片剪辑元件的嵌套

影片剪辑元件可以嵌套，可以在一个影片剪辑元件中嵌套另一个影片剪辑元件，即在一个影片剪辑元件包含另一个影片剪辑元件。对于其他类型的元件也可以进行嵌套，甚至几种不同类型的元件之间都可以进行嵌套。

3．影片剪辑元件的实例属性

每一种类型的每一个元件实例都有各自独立于该元件的属性，可以利用其对应的属性面板更改实例的色调、透明度、亮度、大小等；可以重新定义实例的行为，即可以改变实例的类型；可以设置动画在实例内的播放形式；还可以对实例进行倾斜、旋转或缩放等，这些都不会对元件有影响。影片剪辑元件实例的属性面板如图 3-13 所示。

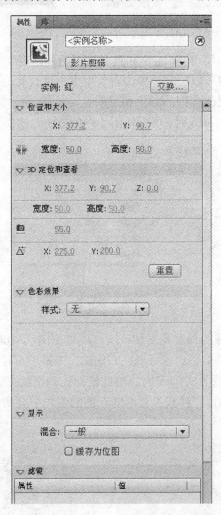

图 3-13　影片剪辑元件实例的属性面板

在"实例名称"文本框中可以输入实例名称，该名称主要应用于脚本中；"实例行为"下拉列表项显示当前实例的类型，也可以单击该框更改实例类型，如图 3-14 所示。

实例属性面板的第 3 行左侧显示元件的名称，右侧为"交换"按钮，单击它可以将一个实例与另一个实例进行交换，例如，将上例效果图中的一颗"黄星"替换为"红星"，操作过程和最终效果如图 3-15 所示。

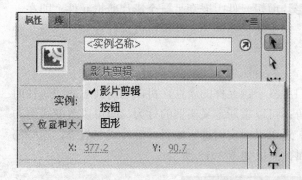

图 3-14　利用属性面板改变元件属性

图 3-15　实例交换操作过程和最终效果

接下来的"位置和大小"、"3D 定位和查看"、"透视角度" 和"消失点" 采用蓝色的数字来显示相应参数，也可以用鼠标单击对数据大小进行修改。

"色彩效果"项用于更改实例的颜色和透明度，具体通过"样式"下拉列表项来实现，如图 3-16 所示。当选择不同样式时，可以使用不同的方法对实例的色彩进行设置，具体如下：

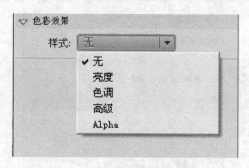

图 3-16　色彩效果样式面板

- 亮度：用于调节图像的相对亮度和暗度，度量范围从-100%（黑）～100%（白）。可以通过拖动滑块调整数值，也可以在右侧的文本框中直接输入数值，如图 3-17 所示。
- 色调：用选定的颜色为实例着色。通过鼠标拖动滑块来调整颜色，也可以直接在右边文本框中输入数值，"样式"文本框右侧的色块中会实时显示调整的色调颜色，如图 3-18 所示。

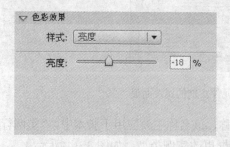

图 3-17　亮度调整

图 3-18　色调调整

- 高级：分别调节实例的红色、绿色、蓝色和透明度值，通过它可以制作色彩微妙变化

60

的动画效果，如图 3-19 所示。

- Alpha：用于调节实例的透明度，调节范围从 0%（透明）～100%（完全不透明）。可拖动滑块调整数值，也可以直接在右侧文本框中输入数值，如图 3-20 所示。

 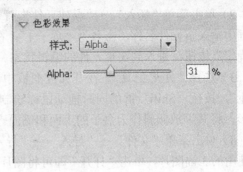

图 3-19　高级调整　　　　　　　　　　　　图 3-20　Alpha 调整

3.3　任务 3：应用按钮元件制作"魔幻盒"

3.3.1　任务说明

　　按钮元件是 Flash 三大基本元件之一，它与其他元件不同的是创建完成之后即自动在时间轴上生成固定的 4 帧。这 4 帧代表鼠标的 4 种状态，通过相应帧的设置来响应鼠标事件，执行指定的动作，从而实现交互动画的效果。按钮的外观可以是任何样式，可以是位图或矢量图，也可以是其他的可见或不可见的动画元素。本任务主要是使用按钮元件来制作响应鼠标事件的魔幻盒动画效果，如图 3-21 所示。

图 3-21　"魔幻盒"效果

3.3.2 操作步骤

1）新建一个 Flash 新文档，背景色设置为默认，尺寸默认为 550×400 像素。

2）单击菜单"插入"→"新建元件"命令，弹出"创建新元件"对话框。在"名称"文本框中输入新元件名称，命名为"盒子1"；在"类型"下拉列表中选择"图形"选项。单击"确定"按钮，进入到图形元件的编辑状态。

3）选择"矩形工具"，在其属性面板中设置"笔触颜色"为"紫色"、"填充颜色"为"无"，按住〈Shift〉键的同时拖动鼠标绘制一个正方形作为盒子的正面，然后复制两个正方形，将其缩放倾斜作为盒子的上面和侧面。

4）单击菜单"文件"→"导入"→"导入到库"命令，弹出"导入到库"对话框，选择要使用的 3 幅图片，单击"打开"即可将图片导入到库中；依次将这 3 幅图片拖拽到舞台中，然后使用"任意变形工具"将其变形后分别摆放到盒子的正面、上面和侧面。

5）单击时间轴左下角的"新建图层"按钮新建"图层2"，使用"文字工具"分别创建"新年"、"快"、"乐"3 个文字对象摆放于盒子的正面、上面和侧面，并分别设置文字的颜色，至此"盒子1"元件制作完成，如图 3-22 所示。

6）依照步骤 2～步骤 4 完成"盒子2"、"盒子3"的制作，在这两个元件的制作过程直接使用前面导入的 3 幅图片，只是将其摆放位置与文字颜色改变一下即可，如图 3-23 所示，左边为"盒子2"，右边为"盒子3"效果。

图 3-22 "盒子1"元件

图 3-23 "盒子2"和"盒子3"元件

7）单击菜单"插入"→"新建元件"命令，弹出"创建新元件"对话框。在"名称"文本框中输入新元件名称，命名为"变换"；在"类型"下拉列表中选择"影片剪辑"选项。单击"确定"按钮，进入到影片剪辑元件的编辑状态。

8）选中第 1 帧，将"盒子1"拖拽到舞台中央；选中第 10 帧，右击选择"插入空白关键帧"命令，将"盒子2"拖拽到舞台中央；选中第 20 帧，右击选择"插入空白关键帧"命令，将"盒子3"拖拽到舞台中央；选中第 30 帧，右击选择"插入帧"命令。

9）单击菜单"插入"→"新建元件"命令，弹出"创建新元件"对话框，在"名称"文本框中输入新元件名称，命名为"祝福文字"；在"类型"下拉列表中选择"图形"选项。单击"确定"按钮，进入到图形元件的编辑状态，使用"文字工具"创建"兔年吉祥"的文字对象。

10）单击菜单"插入"→"新建元件"命令，弹出"创建新元件"对话框，在"名称"文本框中输入新元件名称，命名为"魔幻"；在"类型"下拉列表中选择"按钮"选项，如

图 3-24 所示。单击"确定"按钮，进入到按钮元件的编辑状态。

图 3-24　创建按钮元件

11）选择按钮元件内的"弹起"帧，将图形元件"盒子 1"拖拽到舞台中央；选择"指针经过"帧，将影片剪辑元件"变换"拖拽到舞台中央；选择"按下"帧，将图形元件"祝福文字"拖拽到舞台中央。

12）单击舞台左上角的"场景 1"返回到主场景，将按钮元件"魔幻"拖拽到舞台中央。

13）保存文件，查看动画效果。当鼠标未指向图形时，显示静态图形"盒子 1"；鼠标指向图形时，显示动态变换的盒子图形；在图形上单击鼠标时，显示原始的静态盒子图形与祝福文字。

3.3.3　知识进阶

1．按钮元件的帧面板

按钮元件实际上是由 4 帧构成的交互影片剪辑，具有与其他元件不同的编辑环境，通过在 4 个不同状态的帧上创建内容，指定不同的按钮状态来响应鼠标的不同操作。4 个不同状态的帧即构成了按钮元件的帧面板，分别由"弹起"帧、"指针经过"帧、"按下"帧和"点击"帧构成。这 4 帧具体的功能说明如下。

- "弹起"帧：表示鼠标指针不在按钮上时的状态，即动画播放后的正常状态。
- "指针经过"帧：表示鼠标指针在按钮上时的状态。
- "按下"帧：表示鼠标单击按钮时的状态。
- "点击"帧：表示对鼠标操作做出反应的区域。

需要说明的是，"点击"帧是比较特殊的一帧，这个帧中的图形用来定义响应按钮的有效范围。这个有效范围一般不与前三帧内容一样，但应该大到足够覆盖住前三帧的内容，且它在退出编辑后以及在影片播放时都是不可见的。创建按钮元件时，经常不编辑此帧，默认情况下前三帧图形的大小即为按钮响应的有效范围。

2．公用库

公用库面板和库面板在形式上是一样的，它是 Flash 自带的，直接拖拽到舞台上使用或者拖拽到舞台上编辑后使用，可以把公用库当做一种特殊的库。

单击菜单"窗口"→"公用库"命令，打开"公用库"列表可以看到，公用库分成"声音"、"按钮"、"类"3 个类别。选择其中一个类别，会在舞台上出现一个相应的库面板，并在选择的类别前打上一个对勾，如图 3-25 所示。

3.4 任务 4：应用元件和实例的关系制作"爱心"

3.4.1 任务说明

元件是 Flash 中创建的图形、影片剪辑、按钮等对象，是动画设计与制作过程中最基本、最重要和使用最频繁的元素。元件只需要创建一次，就可以在该文档中或其他文档之间重复使用。用户创建的任何元件都会自动存入库中，成为当前文档的一部分，使用时即可从文档所对应的库中选择使用。实例是摆放于舞台上的元件副本，它可以与元件本身在颜色、大小和功能上存在较大差别。编辑元件会更新它对应的所有实例，但对元件的某一个实例进行修改则只能更新该实例，不会对元件有影响。

本任务主要是应用元件和实例的关系制作"爱心"。其效果如图 3-26 所示。

图 3-25　公用库面板

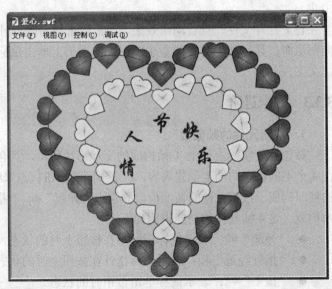

图 3-26　"爱心"效果图

3.4.2 任务步骤

1）新建一个 Flash 文件，尺寸为 550×400 像素，背景色为粉红色，其 RGB 值为 #FF99FF。

2）单击菜单"插入"→"新建元件"命令创建一个图形元件，命名为"心"，进入图形元件的编辑窗口，按照任务 2 中的步骤 7～8 制作完成心形图案，颜色填充为"红色"放射状，如图 3-27 所示。

3）单击舞台左上角的"场景 1"按钮返回到主舞台，从库面板中拖拽图形元件"心"到舞台中，单击"修改"→"分离"命令将元件分离，选中填充色将其删除，并放大边框置于舞台中央。

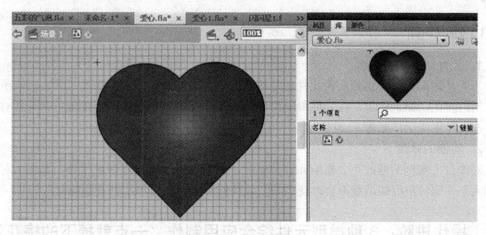

图 3-27　心形图案

4）单击时间轴面板左下角的"新建图层"按钮新建"图层 2"，从库中拖拽元件"心"到舞台上并调整大小摆放于步骤 3 创建的心形边框上，复制出多个心形图案旋转并调整其位置依次摆放于心形边框上。

5）单击时间轴面板左下角的"新建图层"按钮新建"图层 3"，复制"图层 1"的第 1 帧到"图层 3"的第 1 帧，并将心形边框缩小到舞台中央。

6）单击时间轴面板左下角的"新建图层"按钮新建"图层 4"，再次从库中拖拽元件"心"到舞台中上并调整大小摆放于步骤 5 创建的心形边框上，使用实例属性面板的"色彩效果"设置实例的填充方式为"黄色"放射状，复制出多个心形图案旋转并调整其位置依次摆放于心形边框上，如图 3-28 所示。

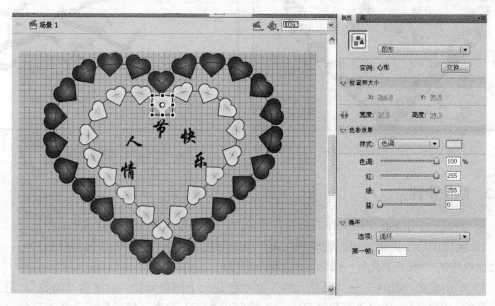

图 3-28　实例属性设置

7）单击时间轴面板左下角的"新建图层"按钮新建"图层 5"，使用"文字工具"依次创建出"情"、"人"、"节"、"快"、"乐"几个文字对象，调整大小及位置实现最终效果。

3.4.3 知识进阶

1. 元件对实例的影响

不管是图形元件、影片剪辑元件还是按钮元件，只要对元件进行修改，就会影响所有对应实例的变化。如上例中，在元件编辑窗口中改变元件的填充颜色，会发现所有与其对应的实例都会发生变化，如图3-29所示。

2. 实例的修改

对舞台上实例的修改不会影响元件的属性，如本任务制作过程中对"心"元件所对应的实例大小、旋转角度的调整不会改变"心"元件的形态，只对该实例有影响。

3.5 操作进阶：3种类型元件综合应用制作"一点就掉下的梅花"

3.5.1 项目说明

本任务主要综合应用Flash的3种基本类型元件，制作一个当鼠标指向梅花时，梅花就会飘落的动画效果，如图3-30所示。

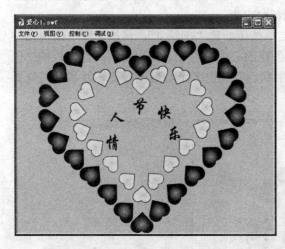

图3-29　元件对实例的影响　　　　　图3-30　"一点就掉下的梅花"效果

3.5.2 制作步骤

1）新建一个Flash文档文件，设置背景色为白色，尺寸为550×400像素。

2）选择图层1的第1帧，调整颜色面板中的颜色为"褐色"（RGB值为#333300），选择工具面板中的"刷子工具"，在舞台中绘制一个树枝。

3）单击菜单"插入"→"新建元件"命令创建一个图形元件，命名为"梅花"，进入图形元件的编辑窗口，使用"多角星形工具"绘制一个正五边形，然后使用选择工具将这个图形修改为梅花的形状，并将颜色填充为放射状，如图3-31所示。

4）单击菜单"插入"→"新建元件"命令创建一个图形元件，命名为"叶子"，进入图形元件的编辑窗口，使用"椭圆工具"绘制一个椭圆，然后使用"选择工具"将这个图形修改为叶子的形状，并绘制叶脉、调整填充色，如图3-32所示。

5）单击菜单"插入"→"新建元件"命令创建一个影片剪辑元件，命名为"飘落的梅花"，进入元件的编辑窗口，从库中拖拽"梅花"元件到舞台上，调整其大小与位置。

6）单击时间轴面板左下角的"新建图层"按钮创建"图层2"，使用"铅笔工具"绘制梅花飘落路线，右击"图层2"选择"引导层"命令，右击第40帧选择"插入帧"命令。右击"图层1"第40帧选择"插入关键帧"命令，选择"图层1"第1~40帧的任何一帧，右击选择"创建传统补间"命令，选择第1帧使用"选择工具"拖动"梅花"到运动路线的起始端，选择第40帧使用"选择工具"拖动"梅花"到运动路线的末端，如图3-33所示。

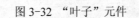

图3-31 "梅花"元件　　　图3-32 "叶子"元件　　　图3-33 "飘落的梅花"元件

7）单击菜单"插入"→"新建元件"命令创建一个按钮元件，命名为"点击梅花"，进入元件的编辑窗口，选择"弹起"帧从库中拖拽"梅花"元件到舞台上，调整其大小与位置；选择"指针经过"帧从库中拖拽"飘落的梅花"到舞台，调整其大小、位置与前一帧重合。

8）返回主舞台，分别从库中拖拽出若干个按钮元件"点击梅花"、图形元件"叶子"，并调整其大小和位置摆放于树枝。

3.6 习题

1. 填空题

（1）Flash中的元件有3种基本类型，分别是_____、_____和_____。

（2）创建元件的一般方法有_____和_____。

（3）Flash中提供了编辑元件的3种方式：_____、_____和_____。

（4）在Flash中可以使用_____对元件进行管理和编辑。

（5）Flash中使用_____功能可以将一个元件的实例替换为库中另一个元件的实例，而无需重新创建整个动画。

2. 选择题

（1）在Flash中，影片剪辑元件的动画效果在（　　）状态下可以查看。

　　A. 编辑　　　　　B. 播放　　　　　C. 编辑和播放　　　　D. 都不可以

（2）双击库面板中的元件，可以使用（　　）方式编辑元件。

A. 在新窗口中编辑　　　　　　B. 直接编辑

C. 在当前位置编辑　　　　　　D. 在元件编辑模式下编辑

（3）在按钮元件的帧面板中，其中（　　　）帧定义按钮响应的有效区域。

A. 弹起　　　　　B. 指针经过　　　　C. 按下　　　　　D. 点击

（4）选中舞台上的实例后，可以使用属性面板的（　　　）对实例设置颜色效果。

A. 行为　　　　　B. 颜色　　　　　　C. 交换　　　　　　D. 色彩效果

（5）关于元件和实例的关系，下列描述中正确的是（　　　）。

A. 元件和实例的操作互不影响　　　B. 修改元件，实例会随之变化

C. 修改实例，元件会随之变化　　　D. 修改实例，元件不会随之变化

（6）正在编辑的元件名称会显示在（　　　）。

A. 舞台上方编辑栏内场景名称的右侧

B. 舞台上方编辑栏内场景名称的左侧

C. 舞台下方编辑栏内场景名称的左侧

D. 舞台下方编辑栏内场景名称的右侧

3．问答题

（1）什么是元件？什么是实例？它们之间有什么关系？

（2）在 Flash 中，元件有哪几种类型？它们各有什么用途？

（3）在 Flash 中是如何管理元件的？

实训六　应用元件制作动画

一、实训目的

1．掌握三种元件的创建和应用方法。

2．掌握元件和实例之间的关系。

3．掌握库的使用。

二、实训内容

综合应用图形、影片剪辑、按钮元件制作一个"一点就掉下的苹果"动画效果，如图 3-34 所示。

步骤提示：

1）新建文档，使用"钢笔工具"绘制"树干"形状，并填充颜色。

2）新建图层，使用"椭圆工具"或者"铅笔工具"绘制"树冠"，并用"选择工具"调整形状，然后填充颜色。

3）新建图层，使用"线条工具"绘制"草地"、"草"和"小黄花"。

4）插入图形元件"树叶"，使用"五边形工具"绘制"树叶"形状，并用"选择工具"调整外形，然后填充颜色。

5）插入图形元件"苹果"，使用"椭圆工具"、"线条工具"绘制"苹果"，并用"选择工具"调整外形，然后填充颜色。

6）插入影片剪辑元件"掉下的苹果"，从库中拖拽图形元件"苹果"到舞台上，使用"传统补间"动画制作苹果掉下的效果。

7）插入按钮元件"点击苹果"，从库中拖拽图形元件"苹果"到按钮元件的"弹起"帧，拖拽影片剪辑元件"掉下的苹果"到"指针经过"帧。

图 3-34　"一点就掉下的苹果"效果

项目 4　一般动画影片制作

本项目要点

- 逐帧动画
- 补间动画
- 形状补间动画
- 传统补间动画

动画是 Flash 最基本的应用，用户可以使用 Flash 制作出各种动画。Flash 中的动画原理和电影、电视一样，都是通过播放一系列连续的画面，给人在视觉上形成连续变化的感觉。它以时间轴为基础，由先后排列的一系列帧组成，通过帧在时间轴面板中按照从左到右的顺序播放画面。

帧是 Flash 动画中最基本、最重要的概念，其中可以包含图形、文字和声音等多种对象。当帧所包含的对象在舞台上发生变化，且这些变化被连续播放时，就形成了动画。

Flash CS4 中可以制作各种类型的动画，包括逐帧动画、补间动画、补间形状动画、传统补间动画、3D 动画、遮罩动画和引导层动画等。

4.1　任务 1：应用逐帧动画制作"QQ 表情"

逐帧动画是通过修改每一个关键帧中的舞台内容，使其连续播放而形成的动画效果，是最常见的一种动画形式。其灵活性很大，比较适合于制作一些复杂的或者是动作较细腻的动画，如人走路、动物的奔跑、鸟的飞翔等。也正因为此，运用逐帧动画制作的文件所占用的空间较大。

逐帧动画的制作可以通过导入静态图片、绘制逐帧矢量图形、逐帧文字、导入序列图像等方法来实现。

4.1.1　任务说明

本任务是应用逐帧动画制作一个网络 QQ 聊天中的动画表情。其效果如图 4-1 所示。

4.1.2　任务步骤

1）新建一个 Flash 文档文件，设置背景色为黑色（#999999），尺寸为 400×300 像素。

2）新建一个影片剪辑元件，命名为"灯泡"。进入该元件的编辑窗口，选择工具面板中的"椭圆工具"，打开其属性面板，在其中设置"笔触颜色"为#006600，"笔触大小"为 2，"样式"为"实线"，如图 4-2 所示。

3）在元件编辑窗口中绘制一个椭圆。

图 4-1 "QQ 表情"效果图

图 4-2 "椭圆工具"的属性面板

4）选择工具面板中的"颜料桶工具"。

5）单击菜单"窗口"→"颜色"，打开颜色面板，选择"类型"为"放射状"。

6）设置左边颜色滑块为白色，其 RGB 颜色值为#FFFFFF；右边的颜色滑块为浅黄色，其 RGB 颜色值#FEFD92。如图 4-3 所示。

7）将鼠标移到舞台中的椭圆区域单击，如图 4-4 所示。

图 4-3 放射状颜色面板

图 4-4 绘制的"椭圆"形状

8）使用"选择工具"，将椭圆调整为上大下小的灯泡形状，如图 4-5 所示。

9）使用"直线工具"，在图形的下方位置绘制一个"笔触大小"为 2 的直线，且将直线调整为曲线，其效果如图 4-6 所示。

10）再使用"直线工具"，在图形的下方位置绘制 3 个"笔触大小"为 1 的直线，且分别将直线调整为曲线，其效果如图 4-7 所示。这样该元件即完成。

12）返回到"场景"窗口，将"图层 1"改名为"灯泡"。

13）从库面板中，将元件"灯泡"拖放入图层"灯泡"第 1 帧。

14）在"灯泡"图层的上方新建一个图层，命名为"五官"。

15）选择"五官"图层的第 1 帧使用"铅笔工具"绘制两只眼睛和嘴。其效果如图 4-8 所示。

16）选择"灯泡"图层的第 5 帧，右击选择"插入关键帧"命令。选择第 5 帧舞台中的灯泡实例，打开其属性面板，添加"发光"滤镜。其参数如图 4-9 所示。

图 4-5　椭圆调整成灯泡形状　　图 4-6　加上弧线　　图 4-7　"灯泡"影片剪辑元件　　图 4-8　绘制眼睛和嘴

17）选择"灯泡"图层的第 10 帧，右击选择"插入关键帧"命令。选择第 10 帧舞台中的灯泡实例，打开其属性面板，修改"发光"滤镜。其参数如图 4-10 所示。

图 4-9　"发光"滤镜参数　　　　　　　　图 4-10　修改"发光滤镜"参数

18）选择"灯泡"图层的第 5 帧，将其复制帧到第 15 帧；选择第 1 帧，将其复制帧到第 20 帧。

19）选择"五官"图层的第 5 帧，右击选择"插入关键帧"命令；调整该帧中的眼睛位置，使其略向上移动。

20）选择"五官"图层的第 1 帧，将其复制帧到第 10 帧和第 20 帧。

21）选择"五官"图层的第 5 帧，将其复制帧到第 15 帧。如图 4-11 所示。

图 4-11　制作完成逐帧动画的帧面板

22）该 QQ 表情制作完成。保存文件，按〈Ctrl+Enter〉组合键测试影片。

4.1.3　知识进阶

1. 帧的分类、创建和编辑

（1）帧的分类

Flash 中，帧可以分为关键帧、普通帧和属性关键帧 3 类，如图 4-12 所示。

- 关键帧：它用来定义动画在某一时刻的新的状态，分为关键帧和空白关键帧两种。关键帧是指该帧舞台上有对象，在时间轴上以黑色实心圆点表示；空白关键帧是指该帧舞台中无对象，在时间轴中以空心圆圈表示。在关键帧中可以添加帧动作脚本。
- 普通帧：是时间轴上的灰色小方格。它由系统自动生成，用来延续动画效果的播放时间。在普通帧中是不能添加帧动作脚本的。
- 属性关键帧：用菱形表示，它其实不是关键帧，而是对补间动画中对象属性（缓动、亮度、Alpha 值、位置）进行的控制。

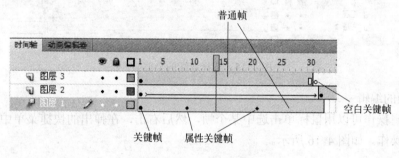

图 4-12　Flash 中的帧

（2）帧的创建

1）空白关键帧的创建：用鼠标右键单击某个帧，在弹出的快捷菜单中选择"插入空白关键帧"命令；或者选择某个帧，单击菜单"插入"→"时间轴"→"空白关键帧"，即可将该帧转换为空白关键帧。

2）关键帧的创建：选择一个空白关键帧，然后在舞台中绘制对象，即可将该空白关键帧转换为关键帧；或者用鼠标右键单击某个帧，在弹出的快捷菜单中选择"插入关键帧"命令；还可以选择某个帧，单击菜单"插入"→"时间轴"→"关键帧"。

3）普通帧的创建：用鼠标右键单击某个帧，在弹出的快捷菜单中选择"插入帧"命令；或者选择某个帧，单击菜单"插入"→"时间轴"→"帧"即可。

（3）帧的选择

1）单个帧的选择：可以直接用鼠标在某个帧上单击。

2）多个帧的选择：

- 按住〈Ctrl〉键的同时，单击选择多个帧，可以选择多个不连续的帧，如图 4-13 所示。
- 从开始的第 1 个帧按下鼠标左键拖动，可以选择连续的多个帧。
- 先选中第 1 个帧，然后按住〈Shift〉键的同时，单击选中最后一个帧，也可以选择连续的多个帧，如图 4-14 所示。
- 按〈Ctrl+Shift+A〉组合键，可以将全部帧选择，如图 4-15 所示。

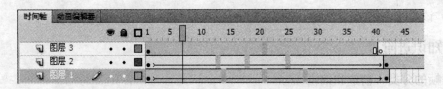

图 4-13　选择多个不连续的帧

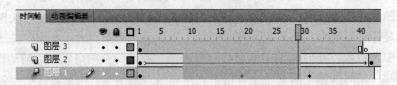

图 4-14　选择连续的多个帧

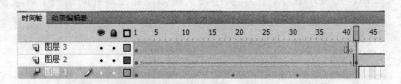

图 4-15　选择连续的全部帧

（4）帧的编辑

帧的编辑操作可以用鼠标单击选中某个帧，然后右击，在弹出的快捷菜单中选择相应的菜单项完成操作。如图 4-16 所示。

图 4-16　帧的编辑

● 删除帧：右击多余的帧，选择"删除帧"命令，可以将其删除。

● 清除帧：若要清除帧（包括关键帧和延长帧）中的内容，可以右击该帧，选择"清除帧"命令，将帧中的内容删除，并将其转换为空白关键帧。

- 转换为关键帧：在制作动画时，经常会用到将延长帧转换为关键帧。右击选中帧，选择"转换为关键帧"命令；或者单击菜单"修改"→"时间轴"→"转换为关键帧"；还可以直接按〈F6〉键，即将延长帧转换为关键帧。
- 转换为空白关键帧：若要将延长帧转换为空白关键帧，右击选中帧，选择"转换为空白关键帧"命令，或直接按〈F7〉键，即将该帧转换为空白关键帧。
- 复制和粘贴关键帧：当需要在不同的层中或帧中制作相同的内容或动画时，可以采用复制帧和粘贴帧的方式来实现。
- 翻转帧：翻转帧是将第 1 个关键帧变成最后一个关键帧，而最后一个关键帧则变成为第 1 个关键帧来创建某种特殊的动画效果。应用翻转帧要求帧序列至少要有两个关键帧。例如使用"翻转帧"制作"打字机效果"的步骤如下。

步骤一：在第 1 帧中使用文字工具在舞台中输入一串文字"时尚就是魅力"。

步骤二：选择第 2 帧，单击鼠标右键，选择"插入关键帧"命令。

步骤三：将此时舞台中文字的最后一个字"力"删除。

步骤四：重复步骤二。

步骤五：将此时舞台中文字的最后一个字"魅"删除。

步骤六：重复步骤二和步骤三，直至舞台中只有"时"字。

步骤七：用鼠标拖动选择所有帧，右击选择"翻转帧"命令，就将所有帧翻转过来，实现了打字机文字的动画效果。

2. 时间轴面板的操作

Flash 中的时间轴面板位于菜单栏的下方，用来组织和控制动画。它包含层和时间轴两个操作区部分：层操作区，用户可以对图层进行显示/隐藏、锁定/解锁、插入图层和删除图层等操作；时间轴操作区，用户可以完成帧的操作等。

（1）时间轴标尺

时间轴标尺由帧标记和帧序号两个部分组成。

（2）帧视图的更改

在时间轴面板的右上角有一个按钮，单击该按钮就可以打开"帧视图"，在弹出的帧视图选项列表，选择相应的菜单项可以改变帧的显示方式，以适应需要，如更改宽度、颜色和风格等。

- 显示多帧：帧区域的显示空间有限，如果要在有限的空间内显示多帧，可以选择"小"或者"很小"模式，时间轴中的帧缩小宽度，可以显示较多的帧。如图 4-17 所示。

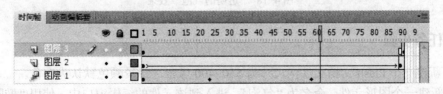

图 4-17 "很小"的显示多帧模式

- 改变帧的显示颜色：默认情况下，是以彩色显示时间轴中的帧。如果取消选择该项，可以切换帧的显示颜色。
- 在关键帧中预览帧内图像：可以通过"预览"和"关联预览"模式以宽帧的形式查看

75

帧中的图像内容。

（3）状态栏

状态栏中包括3个区域：当前帧、帧频和运行时间。

● 当前帧：该区域是显示当前正在操作的帧的序号。

● 帧频：该区域是显示当前文档设置的动画播放频率。

● 运行时间：该区域是显示影片动画播放到当前帧的位置时已播放的时间。可以将已播放的帧数除以帧频得到。

（4）播放头

播放头是时间轴标尺中红色的小矩形，拖动它，可以浏览动画效果。

4.2 任务2：应用补间动画制作"透明的气泡"

4.2.1 任务说明

补间动画是Flash CS4新版本中新增的功能。它是创建随着时间移动和变化的动画，且同时可以在最大程度上减小文件大小的最有效方法，是动画制作技术上的一个飞跃，使动画制作变得更加简单、便利。该任务是应用补间动画制作一个透明的气泡在空中飞舞的效果，如图4-18所示。

图4-18　"透明的气泡"效果

4.2.2 任务步骤

1）新建一个Flash文档文件，尺寸为550×400像素，背景颜色默认为白色。

2）新建一个图形元件，命名为"气泡"；进入到该元件的编辑窗口中，使用"椭圆工具"，在其属性面板中，设置"笔触"为"无"；"填充色"为"放射状"。

3）打开颜色面板，选择填充色"放射状"渐变，在下方的渐变色编辑栏中添加一个颜色滑块；设置左边滑块颜色为白色，Alpha值为0；中间滑块颜色RGB为"#FD92FE"，Alpha为27%，右边颜色RGB为"#E935FD"，Alpha为75%。该颜色面板如图4-19所示。

4）将鼠标移到窗口中，按住〈Shift〉键，绘制一个正圆，如图 4-20 所示。

图 4-19　颜色面板

图 4-20　绘制正圆

5）在工具面板中选择"矩形工具"，将"笔触"设置为"无"，"填充色"设置为白色，在椭圆旁边绘制一个矩形用做气泡的反光部分，并将小矩形调整成如图 4-21 所示的效果。

6）将反光部分选中，移到气泡中，放在正上方，即完成该元件的绘制。如图 4-22 所示。

图 4-21　绘制反光

图 4-22　将反光放置中气泡正上方

7）返回到场景中，选择图层 1，将其重命名为"背景"。

8）单击菜单"文件"→"导入"→"导入到舞台"，在弹出的文件窗口中选择图片文件"chap4/素材文件/back.jpg"，将该图片文件导入到舞台。

9）选中导入的图片，打开其属性面板，调整图片尺寸为 550×400 像素，X 和 Y 均为 0，这样即可以将该图片用做背景。选择该图层的第 95 帧，右击选择"插入帧"。

10）在背景图层的上方新建一个图层，命名为"气泡 1"。

11）在"气泡 1"图层的第 1 帧，从库面板中将元件"气泡"拖放入置于舞台的下方；且使用"任意变形工具"调整该实例的大小。如图 4-23 所示。

12）选择"气泡 1"图层的第 1 帧，右击选择"创建补间动画"命令。将该图层的帧数拉伸到第 95 帧。

13）将播放头拖到"气泡 1"图层的第 15 帧，移动"气泡"实例到舞台的下方略偏右，且用"任意变形工具"将其略放大些，此时在该帧设置了属性关键帧。如图 4-24 所示。

14）将播放头移到"气泡 1"图层的第 30 帧，将"气泡"实例再向右上方移动，使用"任意变形工具"将其缩小，同时打开其属性面板，在"色彩效果"选项中的"样式"下拉菜单中选择"Alpha"，向右拖动其下方的滑块，将"Alpha"值设置为 31%，此时在第 30 帧转变为属性关键帧。如图 4-25 所示。

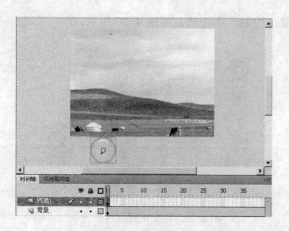
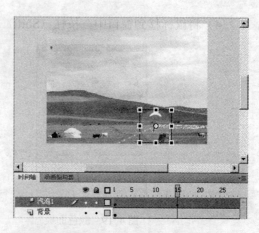

图 4-23 "气泡 1"图层的第 1 帧　　　　图 4-24 "气泡 1"图层的第 15 帧设置关键帧

图 4-25 "气泡 1"图层的第 30 帧设置

15）在第 45 帧、第 60 帧和第 75 帧，向左上方连续拖动"气泡"实例，用同样的方法设置气泡的大小和透明度。且在第 75 帧，将"气泡"实例拖出舞台上方。如图 4-26 所示。

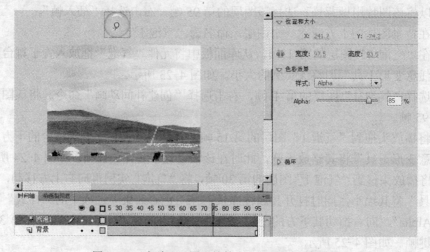

图 4-26 "气泡 1"图层的第 45、60 和 75 帧设置

16）使用"选择工具"调整路径为曲线，使气泡向上移动的动画效果更自然，如图 4-27 所示。

图 4-27   将"气泡"的动画路径调整为曲线

17）在"气泡 1"图层的上方再新建一个图层，命名为"气泡 2"。

18）选择"气泡 2"图层的第 1 帧，再从库中拖放入元件"气泡"置于舞台的右下方。

19）在舞台中选择"气泡 2"图层的气泡实例，调整其大小；打开其属性面板，在"色彩效果"选项中将"样式"选择为"色调"，设置色调值为"68%"，且调整"红"、"绿"、"蓝"值。其参数如图 4-28 所示。

图 4-28   "气泡 2"图层中"气泡"实例属性

20）重复步骤 12～16，设置图层"气泡 2"中"气泡"实例的动画效果。如图 4-29 所示。

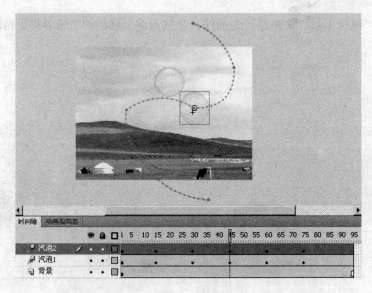

图 4-29 "气泡 2"图层中"气泡"实例的补间动画

21）该任务完成，保存文件，按〈Ctrl+Enter〉组合键测试文件。

4.2.3 知识进阶

1. 补间动画的制作方法

补间动画的基本制作流程如下。

1）在舞台上选择要创建补间的对象。

2）选择菜单"插入"→"补间动画"，或者右击选择的对象或当前帧，从弹出的快捷菜单中选择"创建补间动画"命令。

3）创建补间后，可以在时间轴上看到补间的帧范围，如图 4-30 所示，同时将相应的图层标识更改为 ▱ 。

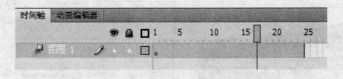

图 4-30 创建补间动画的时间轴面板

4）将播放头定位到补间范围内的某个帧上，然后在舞台中拖动对象，将在舞台上显示一条从补间范围的第 1 帧位置到新位置的路径，并在播放头所在帧中添加一个以"小菱形"表示的属性关键帧，如图 4-31 所示。

5）用同样的方法，可以设置对象在其他帧的位置。最后按下〈Ctrl+Enter〉组合键进行动画效果的预览。

注意：

1）补间动画的适用对象是元件实例、文本字段、位图、形状和按钮等。无论是单个对象或者多个对象，在创建补间动画的同时，这些对象均组合为一个元件。

2）如果在进行补间动画制作时，所选的对象不是可补间的对象类型，或者在同一图层上选择了多个对象，则会弹出"将所选的内容转换为元件以进行补间"对话框，如图 4-32 所示，在该对话框中，单击"确定"按钮，即可将所选内容转换为影片剪辑元件，然后制作补间动画。

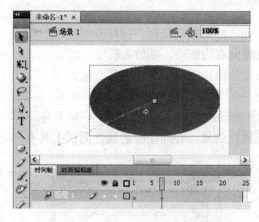
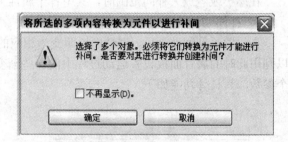

图 4-31　补间动画中的属性关键帧和路径　　图 4-32　"将所选的多项内容转换为元件以进行补间"对话框

3）在创建补间动画后，用户只要在需要变化的帧上修改对象后，计算机会自动在该帧上生成属性关键帧，无需用户手动创建。它可以实现元件的形变、位移、渐变、色调等效果，并且由补间动画生成动画，其运动轨迹是可以调整的。

4）补间动画建立后，时间轴面板的背景颜色会变为蓝色，在起始帧上有一个黑色圆点，其他关键帧上是黑色菱形点。

2. 补间动画的轨迹调整

创建了补间动画以后，在舞台中用鼠标任意拖动对象，就可以改变动画的轨迹；也可以用工具面板中的"选择工具"拖动直接改变轨迹的形状，如图 4-33 所示。还可以用"部分选择工具"对轨迹上的每个属性关键帧的控制点和方向手柄进行调节，以改变轨迹的形状，如图 4-34 所示。用"任意变形工具"同样可以调整轨迹的形状，从而改变补间动画的运动效果，如图 4-35 所示。

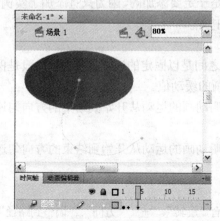
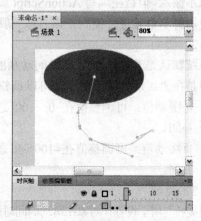

图 4-33　用"选择工具"改变路径　　　　图 4-34　改变路径的控制点和方向手柄

通过以上方法形成的补间动画的轨迹，在不需要时可以删除，其方法是使用"选择工具"在舞台上单击运动轨迹将其选中，然后按〈Delete〉键。

3．补间范围的编辑

在创建补间动画后，会自动产生一定长度的补间范围，可以根据实际需要来改变其范围，即改变其在时间轴面板上的长度。

具体操作为：将光标置于补间范围的前端或末端，然后拖动鼠标。按住补间范围的左边缘向右边拖动，是缩小长度；按住补间范围的右边缘向右边拖动，是放大长度。

在缩小或者放大补间范围时，其中各个属性关键帧将按照比例进行位置变化。

4．补间动画的属性设置

在设置了补间动画后，属性面板即变为相应的补间动画的属性面板，如图 4-36 所示。可以利用此时的属性面板设置运动过程中的一些渐变属性效果。补间动画的属性面板上共有 5 个参数，其具体功能如下。

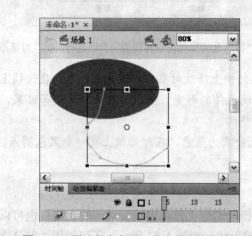

图 4-35　用"任意变形工具"改变路径的形状

图 4-36　补间动画的属性面板

（1）补间动画实例名称

在属性面板的"补间动画"文本框中可以输入补间动画实例的名称，该名称在一般情况下可以不输入，但是在编写 ActionScript 脚本时则是一定要添加的，因为只有添加了实例名称，才能使用脚本对其进行控制。该名称一般不使用中文。

（2）缓动

系统默认是"无缓动"，即补间动画的关键帧之间是以固定的速度播放的。一般是保持默认，但是在"缓动"选项组中，可以调整补间动画的缓动值。

- 正缓动值：可调整值在 0～100 之间，表明动画的运动从开始到结束的方向匀速减慢补间。
- 负缓动值：可调整值在-100～0 之间，表明动画的运动从开始到结束的方向匀速加快补间。

（3）旋转

"旋转"用于设置使对象在运动的同时旋转，共有"旋转"、"+"、"方向"、"调整到路径" 4 项。

- 旋转：设置旋转的次数，可以双击数字区域后输入数值，也可以用鼠标左右拖动调整。

设置后，对象即按照设置的次数绕轴心旋转。

- +：设置其他的旋转角度，其设置方法和旋转的设置方法相同。设置后，对象即按照设置的数值绕轴心滚动。
- 方向：设置旋转的方向。有无、顺时针和逆时针3个参数。
- 调整到路径：选中该复选框后，将会让对象沿着路径改变活动方向，使之更符合路径规律。

（4）路径

"路径"主要用于精确控制路径。

- X：设置了该值后，舞台中的补间动画会随之移动。其用于舞台中路径的横向向调整，正值向右移动，负值向左移动。
- Y：设置了该值后，舞台中的补间动画会也随之移动。其用于舞台中路径的纵向调整，正值向下移动，负值向上移动。
- 宽度：用于调整补间路径的整体宽度，其值介于1.0～9999之间。随着补间路径的调整，数值会跟着变化。
- 高度：用于调整补间路径的整体高度，其值介于1.0～9999之间。随着补间路径的调整，数值会跟着变化。
- 宽、高度锁定 ：该项锁定宽、高比，使之按原比例放大或者缩小。

（5）选项

勾选"同步图形元件"复选框，可以将调整同步到元件上。

5. 属性关键帧

严格意义上讲，属性关键帧其实不是关键帧。关键帧是实心的圆点表示，而属性关键帧则是用菱形表示。它们是两个不同的概念：关键帧是Flash CS3及早期版本制作动画时的重要元素，即是各种对象的载体，同时也是传统补间动画的重要组成部分；而属性关键帧只是对补间动画中对象的属性（缓动、亮度、Alpha值、位置）进行的控制，用于动画的过渡，本身对动画组成没有影响。

（1）属性关键帧的添加

属性关键帧的添加可以使用手动添加和自动添加两种方法。

- 手动添加：将播放头拖放至要添加帧的位置，然后在该帧上右击，选择"插入关键帧"子菜单中需要的命令，如图4-37所示。该子菜单中的每个命令都代表了对动画对象的一种属性控制，其具体设置也可以在属性面板或者动画编辑器中完成。
- 自动添加：当播放头所在的位置没有属性关键帧时，如果选中舞台上补间动画对象，设置了其属性（如缓动、亮度、Alpha值、位置），就可以自动在当前位置添加一个属性关键帧。

（2）属性关键帧的选择

- 在补间范围内的任意位置单击，可以直接选中该范围。
- 按住〈Ctrl〉键单击，可以选中范围内的某一帧。
- 按住〈Ctrl〉键的同时，在范围内拖动，可以选中范围内的多个连续帧。

（3）属性关键帧的删除

因为在添加属性关键帧时，是分为"位置"、"缩放"、"颜色"及"全部"等类型时添加的；所以在删除时也类似，即根据需要来删除某一帧中的部分属性，这样便于编辑和修改。

具体操作为：将播放头移动到该帧上，或者按〈Ctrl〉键单击选中该帧，然后右击，选择"清除关键帧"子菜单中的命令，以删除其对应的属性。如果选择"全部"命令，则清除了该属性关键帧。

（4）属性关键帧的查看

在选中的属性关键帧上右击，选择"查看关键帧"子菜单中的命令，如图4-38所示，取消子菜单前面的"√"，即表示不显示该属性的关键帧。

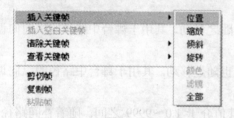

图4-37 "插入关键帧"子菜单

图4-38 "查看关键帧"子菜单

4.3 任务3：应用补间形状动画制作"飘舞的海草"

4.3.1 任务说明

在时间轴面板的两个关键帧中分别绘制不同的形状，就可以在这两个关键帧之间创建补间形状动画。补间形状可以实现两个图形之间的颜色、位置、大小、形状的相互变化。补间形状动画建立后，时间轴面板的背景颜色会变为淡绿色，从起始帧到结束帧之间会出现一条箭头。本任务就是通过创建补间形状动画来制作海草随波飘舞的动画效果。如图4-39所示。

图4-39 "飘舞的海草"效果

4.3.2 操作步骤

1）新建一个 Flash 新文档，背景色设置为默认，尺寸默认为 550×400 像素。

2）选择图层 1 的第 1 帧，使用"矩形工具"在舞台中绘制一个矩形，设置该矩形的大小和舞台一样大。在属性窗口中设置 X 和 Y 均为 0，将该矩形用做舞台的背景。

3）打开颜色面板，选择"类型"为"线性"，设置该窗口下方渐变颜色编辑栏中左边颜色滑块的 RGB 值为#94E8FC，右边的值为#01305C。

4）使用工具面板中的"颜料桶工具"，移到舞台的矩形中单击。如图 4-40 所示。

5）使用"渐变变形工具"，将渐变色调整为上下渐变。如图 4-41 所示。

图 4-40　将舞台中的矩形填充为线性渐变色

图 4-41　将矩形渐变色调为上下渐变

6）单击菜单"插入"→"新建元件"，新建一个影片剪辑元件，命名为"海草"。

7）进入"海草"元件的编辑窗口，将图层 1 重命名为"海草 1"。

8）在"海草 1"图层的第 1 帧，使用"钢笔工具"绘制一条海草。如图 4-42 所示。

9）选择"填充颜色"的 RGB 为#669900，用"颜料桶工具"在"海草 1"的左边部分单击；改变"填充颜色"的 RGB 为#66CC00，用"颜料桶工具"在"海草 1"的右边部分单击。其效果如图 4-43 所示。

10）"海草 1"图层的第 20 帧、第 40 帧、第 60 帧、第 80 帧设置为关键帧，且分别在这 4 个关键帧中使用"选择工具"调整该帧中的海草 1 的形状，各帧的海草图形效果如图 4-44～图 4-47 所示。

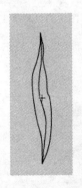
图 4-42　"海草 1"的轮廓线

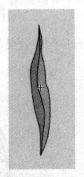
图 4-43　填充颜色后的"海草 1"

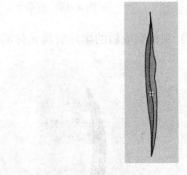
图 4-44　海草第 20 帧

11）分别选择第 20 帧、第 40 帧、第 60 帧和第 80 帧，右击选择"创建补间形状"命令。这样完成"海草 1"在各种形状之间的变换动画效果。

12）新建图层，命名为"海草 2"，在该图层的第 1 帧，再使用"绘图工具"和"色彩工具"绘制一条海草。如图 4-48 所示。

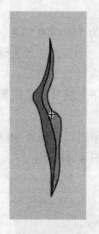
图 4-45　海草第 40 帧

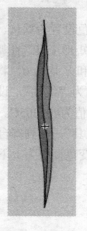
图 4-46　海草第 60 帧

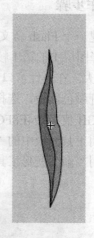
图 4-47　海草第 80 帧

13）选择"海草 2"图层的第 40 帧和第 80 帧，改变海草形状。

14）分别选择该图层的第 40 帧和第 80 帧，右击选择"创建补间形状"命令，这样即完成"海草 2"的动画效果制作。

15）继续添加两个图层"海草 3"和"海草 4"。在这两个图层中，用同样的方法，分别制作"海草 3"和"海草 4"动画效果，如图 4-49 和图 4-50 所示。

图 4-48　海草 2

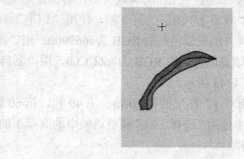
图 4-49　"海草 3"图层的"海草 3"

16）制作完成后的影片剪辑元件的"海草"的效果如图 4-51 所示。

图 4-50　"海草 4"图层的"海草 4"

图 4-51　"海草"影片剪辑元件

86

17）返回到场景，新建一个图层，命名为"海草"。

18）从库面板中将制作完成的元件"海草"拖放入"海草"图层的第 1 帧。该任务即完成制作，保存文件，测试影片就可以看到"飘舞的海草"动画效果。

4.3.3 知识进阶

1．补间形状动画的适用对象

构成补间形状动画的元素可以使用"形状绘制工具"来绘制图形，也可以用鼠标或压感笔绘制形状。图形元件、按钮、文字、对象、组等不能被应用于补间形状动画。

如果使用的是图形元件、按钮、文字、对象、组等，必须先选中它们，执行"修改"→"分离"菜单命令，或者按〈Ctrl+B〉组合键将其分离之后，才能建立补间形状动画。

如果是两个以上的文字要制作补间形状动画，还必须执行两次的"修改"→"分离"菜单命令，或者两次按〈Ctrl+B〉组合键，将这一串文字分离之后才能制作。

2．补间形状动画的"属性"面板

当制作了补间形状动画之后，窗口下方的属性面板即为补间形状动画的属性面板，如图 4-52 所示。该属性面板中有两个参数。

（1）"缓动"选项

将鼠标移到该选项上，当其变为手形并且带有箭头时，按住鼠标后左右滑动可以调节其参数；或者双击缓动数值，在其后出现的文本框中直接输入数值。

图 4-52　补间形状动画的"属性"面板

缓动的数值范围可介于−100～100 之间。一般情况下，该值为 0，表明补间形状变化速率不变；当其值介于 0～100 的正值时，表明动画的运动从开始到结束的方向减慢速度；当其值介于−100～0 的负值时，表明动画的运动从开始到结束的方向增加速度。实际制作中，一般要根据实际情况调整该参数的数值，使运动动画显得更真实、自然。

（2）"混合"选项

"混合"选项中有两个可选择的内容，即"分布式"和"角形"，如图 4-53 所示。

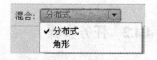

图 4-53　"混合"选项

- 角形：所创建动画中的补间形状保留明显的直线和角。在创建且有锐化转角和直线的混合形状时相对适合。
- 分布式：所创建动画中的补间形状比较平滑，并且不规则。

3．使用形状提示

补间形状的中间变化是由计算机控制的，因此，有时中间的变化随意混乱，有时又非常怪异，特别是在起始帧与结束帧的形状差别较大的时候，尤其明显。

补间形状动画的形状提示可以控制变形的关键点，其标识起始形状和结束形状中相对应的点，这样在形状发生变化时，就不会乱成一团，从而很好地控制其变形过程，使变形过程中的形状与变形前后的形状能有所联系。

形状提示可以连续添加多个，最多可以使用 26 个形状提示。形状提示用字母 a 到 z 识别起始形状和结束形状中相对应的点。在添加形状提示的时候，可以将变形提示在形状的一个起始点上开始按照一定的顺序摆放，然后再调整单个提示的位置。这样，变形提示工作会显

得更有效。

形状提示只有在形状的边缘才能发挥作用。如果发现形状提示没有效果，可以使用工具箱上的"缩放工具"单击形状，放大到可以看清"形状提示"是否处于边缘上。

4.4 任务 4：应用传统补间动画制作"绚丽的牡丹花"

4.4.1 任务说明

传统补间动画是 Flash CS4 中对其之前版本中使用的补间动画的一个称谓。它需要在有两个处于同一图层中的关键帧之间进行补间，其中必须且只能存在一个元件或者文本对象。该动画和前面介绍的补间动画一样，其构成的元素均是元件、文本、位图和组合。

本任务主要是应用传统补间动画制作"绚丽的牡丹花"，其效果如图 4-54 所示。

图 4-54 "绚丽的牡丹花"效果

4.4.2 任务步骤

1）新建一个 Flash 文件，设置尺寸为 550×400 像素，背景色为深蓝色，其 RGB 值为#000033。

2）单击菜单"文件"→"导入"→"导入到库"，将素材库中的图片文件"牡丹花 1.jpg"、"牡丹花 2.jpg"、"牡丹花 3.jpg"、"牡丹花 4.jpg"和"花.bmp"导入到库中。

3）新建一个图形元件，命名为"花 1"。从库中将图片"牡丹花 1.jpg"、"牡丹花 2.jpg"、"牡丹花 3.jpg"、"牡丹花 4.jpg"和"花.bmp"拖放入该元件编辑窗口中。

4）打开属性面板，调整此时舞台中"牡丹花 1.jpg"、"牡丹花 2.jpg"、"牡丹花 3.jpg"、"牡丹花 4.jpg"这 4 个的图片大小均为 165×165 像素。调整舞台中"花.bmp"的大小为 300×300 像素。将各图片组成如图 4-55 所示的效果。

5）新建一个影片剪辑元件，命名为"花 2"。

6）进入到该元件的编辑窗口，从库中将图形元件"花 1"拖放入"图层 1"的第 1 帧。

7）在"图层 1"的上方添加 4 个图层，分别是"图层 2"、"图层 3"、"图层 4"和"图层 5"。

8）选择"图层1"的第1帧，右击选择"复制帧"命令。

9）分别选择"图层2"、"图层3"、"图层4"和"图层5"的第1帧，右击选择"粘贴帧"命令，如图4-56所示。

图4-55 图形元件"花"的效果

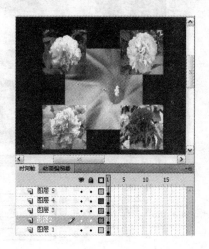

图4-56 影片剪辑元件"花2"的第1帧

10）选择"图层1"的第40帧，右击选择"插入帧"命令。

11）按住〈Shift〉键，在"图层2"～"图层5"的第40帧单击，同时选定这5帧，右击选择"插入关键帧"命令。其时间轴面板如图4-57所示。

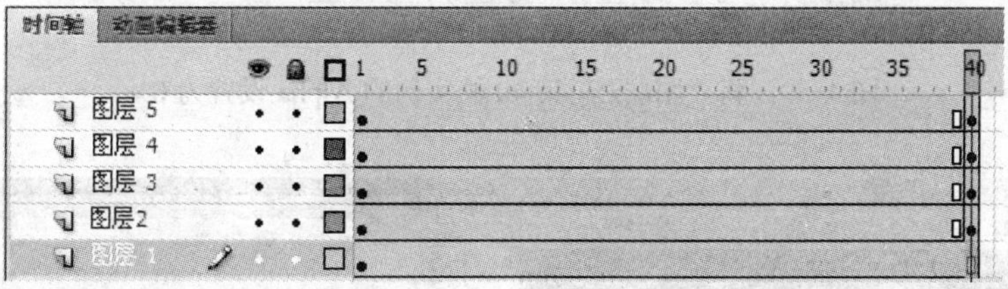

图4-57 影片剪辑元件"花2"的时间轴面板

12）按住〈Shift〉键单击"图层3"、"图层4"和"图层5"，然后单击图层面板上方的 🔒 按钮，将它们锁定。

13）选择"图层2"的第40帧，打开该帧中实例的属性面板，调整其大小为165×165像素，且将其移动到舞台右上方的牡丹花位置，如图4-58所示。

14）选择"图层2"第40帧的实例，在其属性面板中选择"色彩效果"选项，在"样式"下拉列表中选择"Alpha"，且将滑块拖到最左边，将其值设置为0%，如图4-59所示。

15）选择"图层2"的第1帧，右击选择"创建传统补间动画"命令。

16）按照步骤12～步骤15的操作，分别制作"图层3"、"图层4"和"图层5"的效果。注意："图层3"中第40帧的实例调整到左上方，"图层4"中第40帧的实例调整到左下方，"图层5"中第40帧的实例调整到右下方。该元件即制作完成，如图4-60所示是元件"花2"的效果。

图 4-58　"图层 2"第 40 帧的实例大小和位置

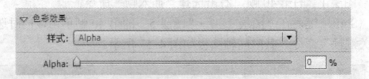

图 4-59　将"图层 2"第 40 帧实例的 Alpha 设置为 0%

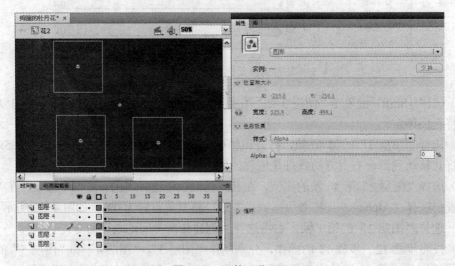

图 4-60　元件"花 2"

17）返回到场景窗口，从库中将影片剪辑元件"花 2"拖放入"图层 1"的第 1 帧。

18）新建一个图形元件，命名为"文字"。进入该元件的编辑窗口，选择"文本工具"，输入文字"绚丽的牡丹花"。

19）打开该文字的属性面板，设置其属性，参数如图 4-61 所示。

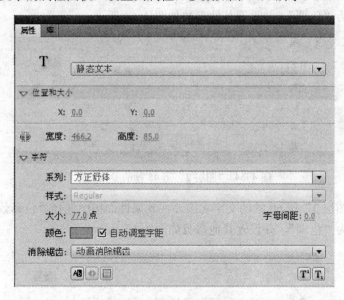

图 4-61　文字的属性面板

20）返回到场景，在"图层 1"的上方新建一个图层"图层 2"。将库中的元件"文字"拖放入"图层 2"的第 1 帧。

21）分别将"图层 2"的第 15 帧、第 30 帧、第 45 帧和第 60 帧设置为关键帧。

22）选择"图层 2"第 15 帧的文字实例，在其属性面板中选择"色彩效果"选项，选择其中的"样式"为"色调"，并设置其他参数如图 4-62 所示。

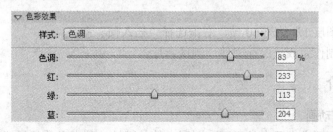

图 4-62　"图层 2"第 15 帧的参数设置

23）选择"图层 2"第 30 帧的文字实例，在其属性面板中选择"色彩效果"选项，选择其中的"样式"为"色调"，并设置其他参数如图 4-63 所示。

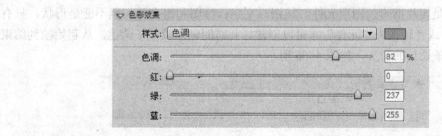

图 4-63　"图层 2"第 30 帧的参数设置

24）选择"图层2"第45帧的文字实例，在其属性面板中选择"色彩效果"选项，选择其中的"样式"为"色调"，并设置其他参数如图4-64所示。

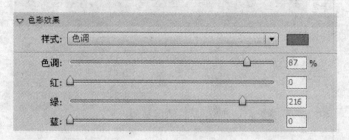

图4-64　"图层2"第45帧的参数设置

25）选择"图层2"第60帧的文字实例，在其属性面板中选择"色彩效果"选项，选择其中的"样式"为"色调"，并设置其他参数如图4-65所示。

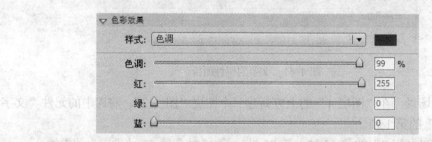

图4-65　"图层2"第60帧的参数设置

26）分别选择"图层2"的第15帧、第30帧、第45帧和第60帧右击，选择"创建传统补间"命令。

27）选择"图层1"的第60帧，右击选择"插入帧"命令。

28）该任务制作完成，保存文件，测试影片。

4.4.3　知识进阶

1．传统补间动画

传统补间动画要求有两个处于同一图层中的关键帧，其中必须且只能存在一个元件或文本对象，然后在其中一个关键帧改变此元件的颜色、大小、位置和透明度等属性，再在两个关键帧之间的任意一帧上右击，选择"创建传统补间"命令，Flash即自动根据这两帧中元件的区别创建动画。

构成的元素是影片剪辑、图形元件、按钮、文字、位图和组合等，但不能是形状，只有把形状"组合"，或者转换为"元件"才可以创建。其时间轴面板是淡紫色，从起始帧到结束帧之间会出现一条长长的箭头，如图4-66所示。

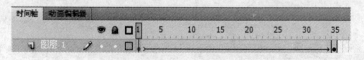

图4-66　传统补间动画的时间轴面板

传统补间动画是十分重要的动画表现手段，它可以设置元件的位置、大小、颜色、旋转和透明度等属性。在 Flash CS4 中，传统补间动画的绝大多数功能在补间动画中也有涵盖。

2．传统补间动画的属性面板

在时间轴的"传统补间动画"的任意一帧上单击，此时的属性面板即变为传统补间动画的属性面板了，如图 4-67 所示。

（1）"缓动"选项

当鼠标移动到该参数上时，鼠标会变为带有双箭头的手形。按住鼠标左右滑动可以调节参数，或者双击该参数，在其后出现的文本框中可以直接输入具体的数值。

图 4-67　传统补间动画的属性面板

"缓动"数值可以介于–100 到 100 之间。一般情况下，默认为 0。当该值设置为正值时，表明动画以一定的规律减速运动；当该值设置为负值时，表明动画以一定规律加速运动。

（2）"旋转"选项

"旋转"选项中有 4 个选项。

● 无：为默认设置，用于禁止旋转。

● 自动：用于使元件在一定方向上旋转一次。

● 顺时针：用于指定元件顺时针旋转的次数。

● 逆时针：用于指定元件逆时针旋转的次数。

（3）"贴紧"复选框

选中该复选框后，可以使对补间的调整贴紧添加的参考线。

（4）"调整到路径"复选框

该功能一般用于使用引导层的动画，当选中该功能后，会使补间元素的基线调整到运动路径。

（5）"同步"复选框

选中该复选框，可以使元件实例的动画与主时间轴同步。

（6）"缩放"复选框

选中该复选框，可以根据元件的注册点将补间元素附加到运动路径。

4.5　操作进阶：制作"Flash 学习网站"的 LOGO

4.5.1　项目说明

本项目主要是综合应用 Flash 的 3 种动画，制作一个应用于 Flash 学习网站中的小 LOGO。其效果如图 4-68 所示。

图 4-68　"Flash 学习网站的 LOGO"效果

4.5.2 制作步骤

1）新建一个 Flash 文档，设置背景色为黑色，尺寸为 420×60 像素。

2）选择"图层 1"的第 1 帧，并选择工具面板中的"文本工具"，在舞台中输入文字"Flash 学习网"。

3）选择文字，打开其属性面板，设置文字的"大小"为 32 点，"颜色"为#CC6600，文字的字体"系列"为"华文行楷"，位置 X 为 28，Y 为−60。具体如图 4-69 所示。

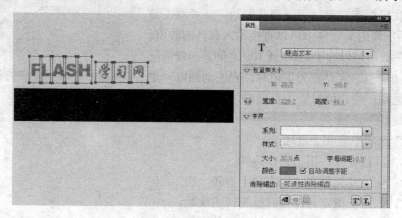

图 4-69　设置文字的属性

4）选中舞台的文字，单击菜单项"修改"→"分离"，将文字分离。

5）选择所有分离后的文字，右击选择"分散到图层"命令。效果如图 4-70 所示。

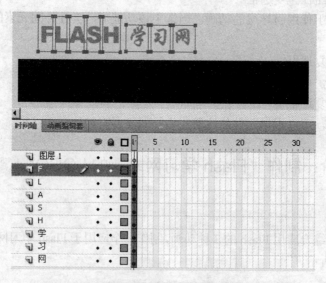

图 4-70　将分离的文字分散到图层

6）选择"图层 1"，将其删除。

7）选择图层"F"，右击选择"创建补间动画"命令，且将结束帧拉伸到第 20 帧。

8）将播放头移动到第 20 帧，在属性面板中选择"旋转"，设置"旋转"为"顺时针"1

次，如图4-71所示。

9）保持播放头在第20帧，在舞台中选择文字"F"，选择属性面板，设置其中的位置Y值为-4，如图4-72所示。

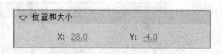

图4-71　设置顺时针旋转1次　　　　　　　　　　图4-72　设置位置

10）选择图层"L"第1帧，将该帧拖动到第5帧，如图4-73所示。

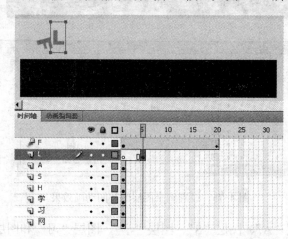

图4-73　设置位置

11）选择图层"L"，右击选择"创建补间动画"命令，且将结束帧调整到第25帧。

12）将播放头移动到第25帧，在属性面板中选择"旋转"，设置"旋转"为"顺时针"1次。

13）保持播放头在第25帧，在舞台中选择文字"L"，选择属性面板，设置其中的位置Y值为-4，如图4-74所示。

图4-74　设置图层"L"的补间动画效果

14）分别选择图层"A"的第 1 帧，将其拖动到第 10 帧；图层"S"的第 1 帧，将其拖动到第 15 帧；图层"H"的第 1 帧，将其拖动到第 20 帧；图层"学"的第 1 帧，将其拖动到第 25 帧；图层"习"的第 1 帧，将其拖动到第 30 帧；图层"网"的第 1 帧，将其拖动到第 35 帧。如图 4-75 所示。

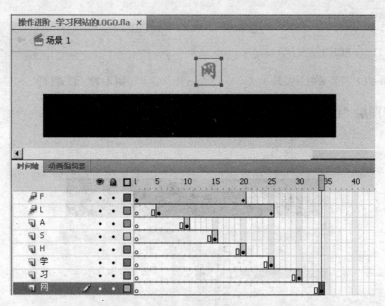

图 4-75　设置剩余图层的补间动画效果

15）分别选择图层"A"、图层"S"、图层"学"、图层"习"和图层"网"的第 1 帧，创建补间动画。且将图层"A"的结束帧调整为第 30 帧，图层"S"的结束帧调整为第 35 帧，图层"学"的结束帧调整为第 40 帧，图层"习"的结束帧调整为第 45 帧，图层"网"的结束帧调整为第 50 帧。

16）重复步骤 11～步骤 13，设置各图层结束帧中文字的属性和位置。制作后的时间轴面板如图 4-76 所示。

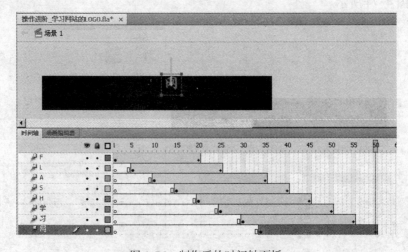

图 4-76　制作后的时间轴面板

96

17）在图层"F"上方新建一个图层，命名为"学习天地"。

18）选择该图层的第 70 帧，右击选择"插入空白关键帧"命令。

19）选择"文本工具"，在其属性面板中设置文字"大小"为 25 点，"系列"为"华文行楷"。如图 4-77 所示。

图 4-77　设置图层"学习天地"的文字属性

20）选择图层"学习天地"的第 70 帧，在舞台中输入一个">"符号。

21）选择该图层的第 71 帧，右击选择"插入关键帧"命令。

22）选择"文本工具"，在该帧舞台中">"符号的后面，再输入一个">"。

23）重复步骤 21 和步骤 22，在第 71 帧，在前面的">"后面再输入一个">"；第 72 帧，在">"后面输入一个"学"；第 73 帧，在"学"后面输入一个"习"；第 74 帧，在"习"后面输入一个"天"；第 75 帧，在"天"后面输入一个"地"。其效果如图 4-78 所示。

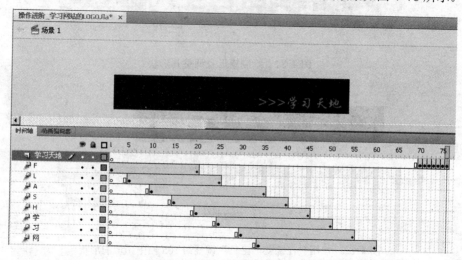

图 4-78　"学习天地"图层的补间动画效果

24）在图层"学习天地"的上方新建一个图层，命名为"闪光"。选择"闪光"图层的第 90 帧，右击选择"插入关键帧"命令。

25）选择工具面板中的"矩形工具"，将"笔触颜色"设置为"无"，选择"填充颜色"为线性渐变。

26）打开颜色面板，设置填充颜色的渐变色。左边的颜色为白色（#FFFFFF），Alpha 值为 0%；右边的颜色为#FFB000，Alpha 值为 100%，如图 4-79 和图 4-80 所示。

27）将鼠标移到图层"闪光"的第 90 帧，绘制一个矩形。使用"选择工具"将该矩形调整成右边小、左边大的形状，如图 4-81 所示。

28）将图层"闪光"的第 105 帧转换为关键帧。使用工具面板中的"任意变形工具"将该帧中的形状调整成如图 4-82 所示。

29）用鼠标右键单击图层"闪光"的第 90 帧，选择"创建形状补间"命令。

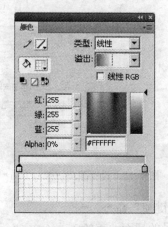
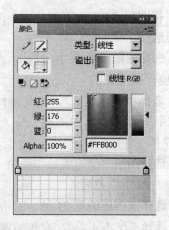

图 4-79　设置渐变色左边的颜色滑块　　　　图 4-80　设置渐变色右边的颜色滑块

图 4-81　绘制矩形且调整其形状

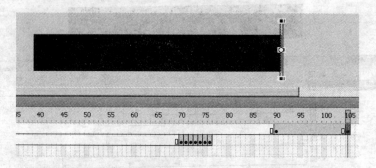

图 4-82　使用"任意变形工具"调整第 105 帧中图形的形状

30）将图层"闪光"的第 90 帧复制到第 106 帧。

31）选择该图层第 106 帧中的图形，单击菜单项"修改"→"变形"→"水平翻转"，将该图形翻转，如图 4-83 所示。

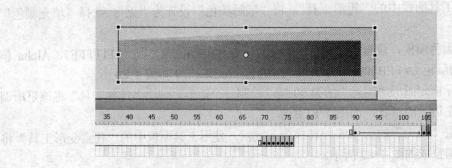

图 4-83　将第 106 帧中图形水平翻转

32）选择该图层第 120 帧，右击选择"插入关键帧"命令。

33）选择该图层的第 106 帧，右击选择"创建补间形状"命令。

34）选择该图层第 120 帧，使用工具面板中的"任意变形工具"将该帧中的形状调整成如图 4-84 所示。

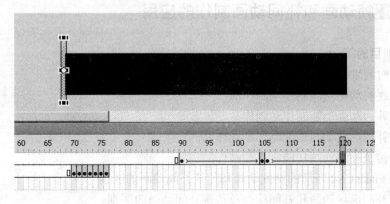

图 4-84 设置第 120 帧中图形的形状

35）按住〈Shift〉键，选择所有图层的第 130 帧，右击选择"插入帧"命令。

36）该任务完成，保存文件，测试影片。

4.6 习题

1. 填空题

（1）关键帧是_____，空白关键帧是_____。

（2）插入关键帧的操作可以按键盘上的功能键_____。

（3）Flash 的动画制作有 3 种类型：_____、_____和_____。

（4）动画补间要求的对象是_____、_____和_____。

（5）Flash 文档默认的帧频是_____ fps。

2. 选择题

（1）形状补间的形状提示用_____ 标志。

    A. 字母   B. 数字   C. 字母和数字   D. 两个都不能用

（2）传统补间动画的操作必须要有_____ 个关键帧。

    A. 1   B. 2   C. 3   D. 0

（3）形状提示在起始帧上的颜色是_____。

    A. 绿色   B. 红色   C. 黄色   D. 蓝色

（4）启动_____可以在舞台中连续显示多个帧中的图形内容。

    A. 预览   B. 较短   C. 标准   D. 很小

（5）当"缓动"的值为_____ 时，则以较快的速度开始补间，越接近动画的末尾，补间的速度越低。

    A. 负值   B. 0   C. 正值或负值   D. 正值

3. 问答题

（1）形状补间动画和动作补间动画的区别和联系是什么？

（2）Flash CS4 新增的补间动画和传统补间动画的区别是什么？

实训七 逐帧动画和补间动画制作的应用

一、实训目的

1．熟悉时间轴面板和帧的操作。

2．应用逐帧动画功能制作动画作品。

3．应用补间动画功能制作动画作品。

4．应用补间形状动画功能制作动画作品。

5．应用传统补间动画功能制作动画作品。

6．了解 Flash CS4 新增的补间动画和传统补间动画的区别。

7．了解补间形状动画和补间动画及传统补间动画的区别。

二、实训内容

1．使用逐帧动画制作一个 QQ 网络表情"笑"，其效果如图 4-85 所示。

步骤提示：

1）新建 Flash CS4 文档，设置文档尺寸为 100×100 像素。

2）使用"文本工具"，输入文字"笑"。将该文字分离，再将"笑"字进行变形，使其上方的"竹"字头变形，中间的两个笔画变形为两个嘴唇形状。

3）创建一个影片剪辑元件，在其中制作使用逐帧动画制作"笑"字的中间两个嘴唇图案上下跳动效果。

4）创建一个影片剪辑元件，在其中制作"哈"字逐字出现的动画效果。

5）最后在场景中将这两个影片剪辑元件组合即可。

2．使用形状补间动画、传统补间动画和 Flash CS4 新增加的补间动画，制作一个网页动画广告"让我们旅游去"。其效果如图 4-86 所示。

图 4-85 制作网络 QQ 表情"笑"

图 4-86 制作网络动画广告"让我们旅游"

步骤提示：

1）新建 Flash CS4 文档，设置文档尺寸为 400×150 像素。

2）使用传统补间动画制作一个小球状的图形元件从左进入画面，然后继续从左到右移出画面右边的动画效果。

3）使用形状补间动画制作下方颜色块的从左到右推进展开的效果。

4）使用 Flash CS4 新增加的补间动画制作汽车从小到大、推出显示的动画效果。

5）使用 Flash CS4 新增加的补间动画制作文字从上方落下显示的动画效果。

项目 5　复杂动画的制作

本项目要点

- 3D 补间动画
- 预设动画
- 引导层动画
- 遮罩动画
- 骨骼动画

在 Flash CS4 中除了制作前一个项目中介绍的逐帧动画、补间动画、补间形状动画、传统补间动画之外，还可以应用遮罩图层和引导层分别制作遮罩动画和引导层动画。另外，在 Flash CS4 中可以使用新增的"3D 平移工具"和"3D 旋转工具"制作 3D 动画效果，可以使用其新增的动画预设功能进行动画预设，还可以使用其新增的另一个具有强大功能的骨骼运动，来依据关节结构对各对象之间的运动进行处理，从而模拟制作出具有骨骼运动的动画效果。

5.1　任务 1：应用 3D 补间动画制作"走进三坊七巷"

5.1.1　任务说明

3D 补间动画是 Flash CS4 新增的新功能。在 Flash CS4 以前的版本中，舞台中只有二维的坐标轴：水平方向和垂直方向，只要确定 X、Y 轴的坐标，就确定了对象在舞台中的位置。但是在 Flash CS4 中增加了一个坐标轴 Z，Z 轴代表的是深度，这样就在 Flash 中引入了空间的概念，在 3D 定位中要通过 X、Y 和 Z 3 个坐标来确定。因此，3D 动画的工作方式和前面的动画有所不同。3D 补间动画是通过修改对象在不同的轴向上的属性而创建带有维度变化的动画效果。本任务就是通过 3D 补间动画制作影片"走进三坊七巷"。效果如图 5-1 所示。

5.1.2　任务步骤

1）新建一个 Flash 文档文件，设置背景色为白色，尺寸为 550×400 像素。

2）单击菜单"文件"→"导入"→"导入到库"命令，在打开的"导入到库"对话框中选择"chap5\素材文件"文件夹，在其中选择要导入的图片文件"三坊 1.jpg"、"三坊 2.jpg"、"三坊 3.jpg"和"三坊 4.jpg"，将它们导入到库中。

3）选择场景的"图层 1"，将该图层名改名为"背景"。

4）将库中的"三坊 1.jpg"文件拖放入"背景"图层的第 1 帧。

5）选择舞台中的"三坊 1.jpg"图片，右击选择"转换为元件"命令，将其转换为图形元件，命名为"背景"。

6）选择该元件的实例，打开其属性面板，选择"位置和大小"选项，调整该实例的大小和舞台一样大，即也为550×400像素；位置 X 和 Y 均为 0。在"色彩效果"选项组中选择"样式"为"Alpha"，并设置该值为 12%，如图 5-2 所示。

图 5-1　"走进三坊七巷"效果图　　　　　　　图 5-2　设置 Alpha 值

7）在"背景"图层的上方新建一个图层，并将该图层命名为"图片 1"。选择该图层的第 1 帧，从库中将图片"三坊 2.jpg"拖放入该帧，如图 5-3 所示。

图 5-3　将图片"三坊 2.jpg"拖放入图层"图片 1"的第 1 帧

8）选择舞台中的"三坊 2.jpg"图片，右击选择"转换为元件"命令，将其转换为图形元件，命名为"元件 1"。

9）用步骤 6 的方法，调整该元件实例的大小和位置，也使该实例大小和位置与舞台一样。

10）选择"图片 1"图层的第 60 帧，右击选择"插入关键帧"命令。

11）选择"图片 1"图层的第 60 帧，右击选择"补间动画"命令。将补间的帧拉伸到第 120 帧。

12）选择"图片 1"图层的第 120 帧，选择工具面板中的"3D 平移工具"，激活 Z 轴，用鼠标拖动，使该实例沿 Z 轴移动缩小。

13）选择该实例，打开属性面板，在"色彩效果"选项组中选择"样式"为"Alpha"，并设置该值为0%。如图5-4所示。

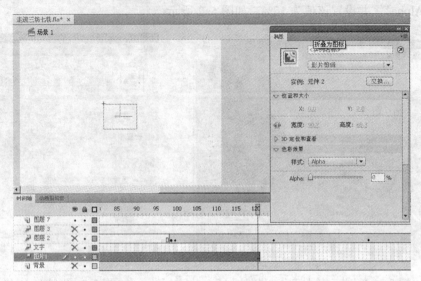

图5-4　在第120帧使用"3D平移工具"的Z轴调整大小并设置为透明

14）单击"插入"→"新建元件"命令，新建一个图形元件，命名为"文字"。

15）进入该元件的编辑窗口，选择"文本工具"在"图层1"的第1帧，输入文字"走进三坊七巷"，打开该文字的属性面板，设置文字的"大小"为84.0点，"颜色"为"#663300"，"系列"为"华文行楷"，如图5-5所示。

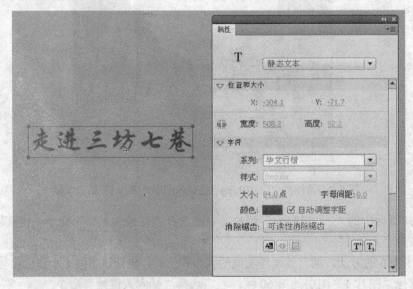

图5-5　在属性面板中设置文字的属性

16）在该窗口中，新建一个图层"图层2"，并将"图层2"移到"图层1"的下方。

17）复制文字到"图层2"的第1帧，并将文字的颜色改为白色。调整该白色文字的位置，使其和图层1中的文字稍错开，形成立体字的效果，如图5-6所示。

走进三坊七巷

图 5-6　制作立体文字

18）返回到场景中，在"图片 1"图层的上方新建一个图层，命名为"文字"。

19）从库中将文字元件拖放入"文字"图层的第 1 帧。

20）选择该文字实例，打开属性面板，设置"位置和大小"的宽度和高度均为 10，即将文字调整成很小且基本位于舞台的中间。如图 5-7 所示。

21）选择"文字"图层的第 1 帧，右击选择"补间动画"命令。

22）将补间的帧拉伸到第 60 帧。

23）将播放头拖放到该图层的第 40 帧，选择该帧中的文字，打开其属性面板，调整其"大小和位置"，具体参数如图 5-8 所示。

图 5-7　调整"文字"图层第 1 帧的实例位置和大小　　图 5-8　调整"文字"图层第 40 帧的实例位置和大小

24）将播放头拖放到该图层的第 45 帧，选择该帧中的文字，打开其属性面板，调整其"样式"的 Alpha 的值为 99%，具体参数如图 5-9 所示。

25）将播放头拖放到该图层的第 60 帧，选择该帧中的文字，打开其属性面板，调整其"样式"的 Alpha 的值为 0%，具体参数如图 5-10 所示。

26）在"文字"图层的上方再新建一个图层，命名为"图片 2"。选择该图层的第 100 帧，将该帧设置为空关键帧，并从库面板中拖放"三坊 3.jpg"图片到该帧的舞台中。

27）选择舞台中的该图片，右击选择"转换为元件"命令，将该图片转换为"影片剪辑元件"，命名为"元件 3"。

28）选择"图片 2"图层的第 100 帧，右击选择"创建补间动画"命令，并将结束帧拉伸到第 195 帧。

29）选择舞台中"图层 2"图层第 100 帧的实例，单击工具面板中的"3D 旋转工具" ，鼠标指向轴心，将轴移动到图片实例的下边缘。使用该工具旋转变形实例的形状，如图 5-11 所示。

图 5-9 调整"文字"图层第 45 帧的实例的 Alpha 值　图 5-10 调整"文字"图层第 60 帧的实例的 Alpha 值

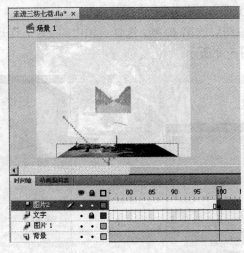

图 5-11　用"3D 旋转工具"调整"图片 2"图层第 100 帧实例的形状

30）打开其属性面板，将该帧实例的 Alpha 值调整为 0%。

31）将播放头移动到第 125 帧，使用"3D 旋转工具"和"3D 平移工具"调整该帧的实例形状为如图 5-12 所示，且调整该帧实例的 Alpha 为 55%。

32）将播放头移动到第 150 帧，再使用"3D 旋转工具"和"3D 平移工具"调整该帧的实例形状如图 5-13 所示，且调整该帧实例的 Alpha 为 100%。

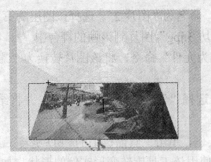 

图 5-12　调整"图片 2"图层第 125 帧实例的形状　图 5-13　调整"图片 2"图层第 150 帧实例的形状

33）将播放头移动到第 170 帧，再使用"3D 旋转工具"和"3D 平移工具"调整该帧的实例形状，使其大小稍超过舞台为宜，如图 5-14 所示。

34）将播放头移动到第 195 帧，再使用"3D 旋转工具"和"3D 平移工具"调整该帧的实例形状，如图 5-15 所示。

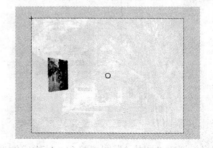

图 5-14　调整"图片 2"图层第 170 帧实例的形状　　图 5-15　调整"图片 2"图层第 195 帧实例的形状

35）在图层"图片 2"的上方再新建一个图层，命名为"图片 3"。将该图层的第 180 帧设置为空白关键帧。

36）从库中拖放图片"三坊 4.jpg"到该帧，设置其"宽度"为 151.9，"高度"为 227.9，X 和 Y 均为 0，具体参数如图 5-16 所示。

37）使用工具面板中的"3D 旋转工具"调整该实例的形状如图 5-17 所示。

38）选择该实例，在其属性面板中设置 Alpha 值为 5%。

39）将播放头移到第 210 帧，使用工具面板中的"3D 旋转工具"调整该实例的形状如图 5-18 所示。

图 5-16　调整"图片 3"图层第 180 帧中实例的位置和大小

图 5-17　用"3D 旋转工具"调整"图片 3"图层第 180 帧中实例形状

40）将播放头移到第 230 帧，使用工具面板中的"3D 平移工具"沿 Z 轴调整该实例的形状，使其放大，且结合"任意变形工具"调整其位置，使其位于舞台中间，且比舞台稍大。如图 5-19 所示。

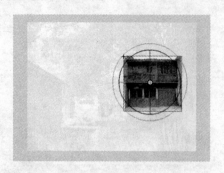 

图 5-18 调整"图片 3"图层第 210 帧中实例形状　图 5-19 调整"图片 3"图层第 230 帧中实例形状和位置

41）选择"背景"图层的第 260 帧，右击选择"插入帧"命令。该任务制作完成，保存文件，测试影片。

5.1.3　知识进阶

前面介绍的对象旋转变化都是二维的 X 轴和 Y 轴方向上的变化，即是绕着 Z 轴进行的旋转。Flash CS4 中新增的 3D 转换工具，增加了一个坐标轴 Z，Z 轴代表的是深度，因此在用 3D 确定对象位置时，要用 X、Y、Z 3 个轴来表示。

3D 转换工具有"3D 旋转工具"和"3D 平移工具"。它们均是对影片剪辑元件起作用的。而且要使用 Flash 的 3D 功能，还要求 FLA 文件的发布需"Flash Player 10"和创建"ActionScript 3.0"文档。

1. 3D 旋转工具

单击工具面板中的"3D 旋转工具"，在舞台选中一个影片剪辑元件的实例，实例上即会出现 3D 轴控件，如图 5-20 所示，控制其中的 X、Y、Z 3 个轴可以沿着这 3 个方向进行旋转处理。

3D 的轴是由 4 条不同颜色的线条组成。

● 红色的竖直直线：当鼠标位于竖直的红色直线时，鼠标会变为带有 X 的黑色箭头。此时，拖动鼠标可以在 X 轴上旋转当前图像。如图 5-21 所示，即是沿 X 轴旋转后的效果。

● 绿色的水平直线：当将鼠标位于竖直的绿色直线时，鼠标会变为带有 Y 的黑色箭头。此时，拖动鼠标可以在 Y 轴上旋转当前图像。如图 5-22 所示，即是沿 Y 轴旋转后的效果。

● 蓝色的圆：当将鼠标位于蓝色的圆时，鼠标会变为带有 Z 的黑色箭头。此时，拖动鼠标可以在 Z 轴上旋转当前图像。如图 5-23 所示，即是沿 Z 轴旋转后的效果。

● 橙色的圆：当将鼠标位于最外围的橙色圆时，鼠标会变为不带任何字母的黑色箭头。此时，拖动鼠标可以在任意角度旋转当前图像。如图 5-24 所示。

图 5-20 "3D 旋转工具"的形状

绿色水平直线

图 5-21 使用"3D 旋转工具"沿 X 轴旋转

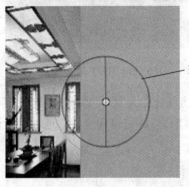

蓝色的圆

图 5-22 使用"3D 旋转工具"沿 Y 轴旋转

橙色的圆

图 5-23 使用"3D 旋转工具"沿 Z 轴旋转

在这几个轴的中间有个小圆圈,就是中心点。前面所有沿着各个轴旋转均是绕着这个中心点旋转的。当鼠标指向该中心点的圆圈时拖动,可以移动中心点于任意的位置,从而也移动了轴的位置。双击该中心点的圆圈,可以将中心点恢复至原图的中心。

前面介绍的用鼠标直接旋转轴的方法进行调整的效果是比较直观的。如果要精确调整,则可以单击菜单"窗口"→"变形",在弹出的变形面板中的"3D 旋转"选项设置 X、Y、Z 3 个参数,如图 5-25 所示。

图 5-24 使用 3D 旋转工具沿任意角度旋转对象

2. "3D 平移工具"

使用"3D 平移工具",可以在不同的轴向上平移对象。当使用 3D 平移工具单击舞台上的影片剪辑实例对象后,该对象上即会出现包含 X、Y、Z 3 个轴的 3D 轴,如图 5-26 所示。

● 当将鼠标指向红色水平轴的箭头时,鼠标会变成带 X 的黑色实心箭头,此时拖动鼠标可以沿水平的 X 轴移动对象。

● 当将鼠标指向绿色竖直轴的箭头时,鼠标会变成带 Y 的黑色实心箭头,此时拖动鼠标可以沿水平的 Y 轴移动对象。

● 当将鼠标指向中间的圆点时,鼠标会变成带 Z 的黑色实心箭头,此时拖动鼠标可以沿水平的 Z 轴移动对象。

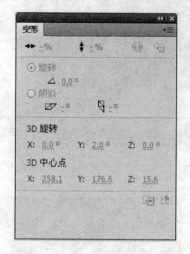

图 5-25　变形面板

绿色箭头

红色箭头

图 5-26　3D 平移工具

以上用"3D 平移工具"，以鼠标拖动方式调整的方法，都是属手工调整，比较直观，但不够精确。如果要精确调整，可以选择此时的属性面板中"3D 定位和查看"选项组，调整其中的 X、Y、Z 3 个参数来调整。如图 5-27 所示。

图 5-27　"3D 定位和查看"选项组

5.2　任务 2：应用预设动画制作"卡通动画——快乐的大头"

5.2.1　任务说明

动画预设是 Flash CS4 新增的一项功能，是已经内置的补间动画。使用预设动画可以将某个动画范围中的属性变化记录下来，快速地应用到其他的各种对象上，从而快捷地制作出动画。而且还可以根据需要创建并保存自定义预设动画，或者导入和导出预设，从而方便多人共享预设。本任务是使用预设动画制作的一个卡通立方体跳动的效果，如图 5-28 所示。

5.2.2　任务步骤

1）新建一个文件，设置尺寸为 550×400 像素，背景颜色为灰色，RGB 为#666666。

2）单击菜单"插入"→"图形元件"命令，命名为"大头"。

3）进入该元件的编辑窗口，使用"矩形工具"，设置"笔触大小"为 1，"实线"，"黑色"；"填充颜色"为"线性渐变"。打开颜色面板，设置渐变色，两种渐变颜色的 RGB 为#FDDF9B和#F96706。将鼠标移到舞台绘制一个矩形，如图 5-29 所示。

4）接着选择"直线工具"，将直线设置为"笔触大小"为 1，"实线"，"黑色"，使用该工具在矩形的基础上绘制一个立方体图形，如图 5-30 所示。

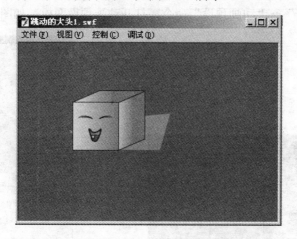

图 5-28　"卡通动画——快乐的大头"效果

图 5-29　绘制矩形

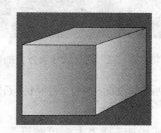

图 5-30　用直线接着绘制成立方体

5）再使用"颜料桶工具"，设置"线性渐变"色，两种渐变颜色的 RGB 为#FDDF9B 和 #F96706；并进行颜色填充。

6）使用"直线工具"、"选择工具"和"颜料桶工具"在立方体的正面绘制五官，如图 5-31 所示。

7）新建一个图层，命名为"图层 2"，在该图层的第 1 帧，使用"矩形工具"，将笔触取消，设置"填充颜色"为纯色，其 RGB 为#999999，绘制一个矩形。

8）使用"选择工具"改变矩形的形状为不规则的四边形，如图 5-32 所示。

图 5-31　绘制五官

图 5-32　改变矩形的形状为不规则四边形

9）选择"图层 2"，将该图层移动到"图层 1"的下方。该图层的形状可以作为"图层 1"中立方体的影子，如图 5-33 所示。

10）返回到场景，从库中将"大头"元件拖放到"图层 1"的第 1 帧。

11）单击"窗口"→"动画预设"命令，打开动画预设面板，如图 5-34 所示。

图 5-33　将"图层 2"的形状作为方体的影子

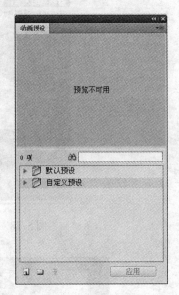

图 5-34　打开动画预设面板

12）在该动画预设面板中，用鼠标双击列表中的"默认预设"项，可将系统自带的动画预设列表打开，如图 5-35 所示。

13）在该列表中选择"大幅度跳跃"，在上方的预窗口中可以查看预设的动画效果，如图 5-36 所示。

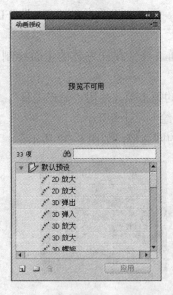

图 5-35　打开系统自带的"动画预设"列表

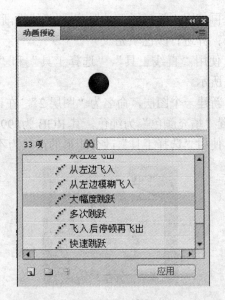

图 5-36　选择"大幅度跳跃"动画预设

14）如果对该效果满意，可以单击面板下方的"应用"按钮。此时就将"大幅跳跃"的动画预设添加到了"大头"元件实例。该实例在舞台中也具有和预设中相同的动画效果。

其时间轴面板自动出现补间动画，舞台中也自动出现该实例的动画路径，如图 5-37 所示。

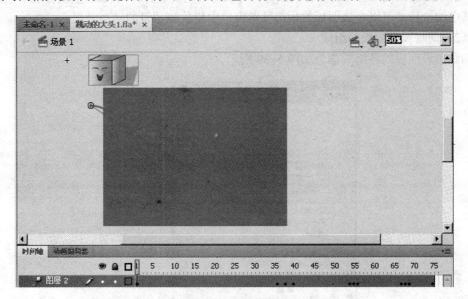

图 5-37　添加了动画预设的时间轴和舞台中自动出现的路径

15）单击"控制"→"测试影片"命令，就可以打开播放器查看该动画的效果。

如果对测试后的动画效果不满意，还可以使用工具面板中的"任意变形工具"单击舞台中的路径，然后对路径进行调整，从而改变最后的动画效果，如图 5-38 所示。

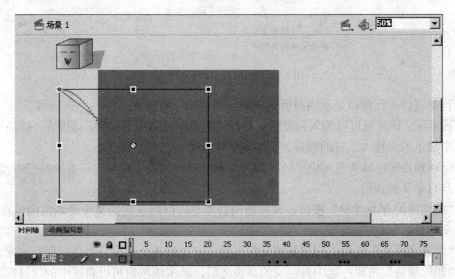

图 5-38　使用"任意变形工具"调整路径

5.2.3　知识进阶

1．动画预设的面板介绍

（1）动画预设面板的打开

单击菜单项"窗口"→"动画预设"就可以打开"动画预设"面板，如图 5-34 所示。双击其中的"默认预设"前面的文件夹图标，可以将其列表展开，列表就是各种动画预设名称，选择其中的一种，可以在该面板的顶部预览窗口中播放该预设的动画效果。

（2）动画预设面板的组成

动画预设面板的各组成部分如图 5-39 所示。

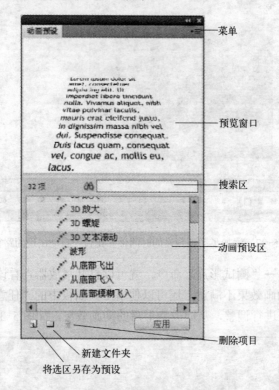

图 5-39　动画预设面板的组成

- 预览窗口：该窗口显示当前所选的动画预设的预览效果。
- 搜索区：该区域可以输入预设的名称，当在该位置输入字符时，可以在"动画预设区"中显示包含输入字符的预设。
- 动画预设区：该列表列出了所有的已保存的动画预设，其中包括系统自带的预设和用户自定义的预设。
- "将选区另存为预设"按钮：该按钮的功能是可以将选定的某个动画范围保存为自定义预设。
- "新建文件夹"按钮：创建新的文件夹后，可以将各个预设分类进行保存起来。
- "删除项目"按钮：选中自定义的预设之后，单击该按钮可以将选中的项目删除。

2．动画预设的应用

动画预设只能应用于元件实例或者文本字段等可补间的对象。一个对象只能应用一种预设。而且当一个对象应用预设后，时间轴中创建的补间就不再与动画预设面板有任何关系，也就是说，此后在动画预设面板中删除或者重命名某个预设，对以前使用该预设创建的所有补间是没有任何影响的。

另外，包含 3D 动画的动画预设，则要求应用于影片剪辑元件的实例。如果是非影片剪辑实例应用包含 3D 动画的动画预设时，将会出现如图 5-40 所示的"将所选的内容转换为元件以进行补间"的警告框，此时，需要按提示将相应的对象转换为影片剪辑元件。

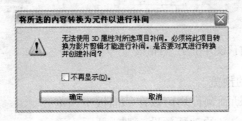

图 5-40 "将所选的内容转换为元件以进行补间"的警告框

下例介绍应用动画预设的操作。

1）新建一个文件。

2）插入一个影片剪辑元件，命名为"花"。进入该元件的编辑窗口，从"素材图片"文件夹中导入图片文件"牡丹花 1.jpg"到该窗口。

3）返回到场景，将库中"花"影片剪辑元件拖放到场景"图层 1"的第 1 帧。

4）打开动画预设面板，从列表中选择"3D 螺旋"，如图 5-41 所示。

5）在舞台中选择"花"影片剪辑元件的实例，再单击"动画预设"面板下方的"应用"按钮。

这样即完成动画预设的应用。

3. 创建自定义预设

当在时间轴面板中选择了某个动画范围后，单击动画预设面板下方的"将选区另存为预设"按钮，弹出"将预设另存为"对话框，在该对话框输入预设名称后，就可以创建一个自定义的预设。如下例操作。

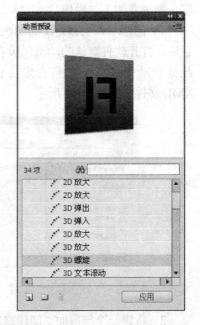

图 5-41 选择"3D 螺旋"动画预设

1）新建一个文件。

2）插入一个图形元件，命名为"文字"。

3）在该元件中输入文字"Flash CS4"。

4）将库中该元件拖放到场景"图层 1"的第 1 帧。

5）选择该帧，右击选择"创建补间动画"命令，且将帧伸展到第 60 帧。

6）将拖放头拖到第 30 帧，选择舞台中的文字实例，使用"任意变形工具"放大该实例。

7）将拖放头拖到第 60 帧，选择舞台中的文字实例，使用"任意变形工具"缩小该实例。

8）在时间轴面板中，将"图层 1"第 1～60 帧这部分的动画范围选中。

9）单击动画预设面板中的"将选区另存为预设"按钮。

10）弹出"将预设另存为"对话框，在该对话框输入"预设名称"为"文字放大和缩小"，如图 5-42 所示。再单击"确定"按钮，这样就创建了一个自定义的预设了。

图 5-42 "将预设另存为"对话框

4. 自定义动画预设的预览

Flash CS4 中自带的动画预设均可以在其面板中预览到动画效果，但是对于自定义的动画预设，则需要手工添加预览。例如前面创建的自定义动画预设"文字放大和缩小"，在动画预设面板中默认情况是看不到其动画效果的，如图 5-43 所示。如果要在该面板中添加该自定义预设的预览，则需要如下的操作。

1）创建了以上自定义的动画预设"文字放大和缩小"之后，打开软件默认的动画预设存储位置，此时将会发现此处自动生成了一个与自定义的动画预设名字相同的 XML 文件，如图 5-44 所示。

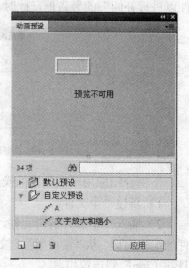

图 5-43 创建的自定义动画预设默认情况下无法预览

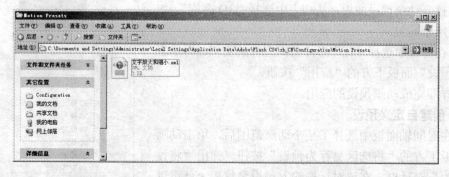

图 5-44 生成的 XML 文件

2）新建一个与前面"创建自定义预设"例子中文字放大、缩小效果相同的只包含补间演示的 FLA 文件，并按〈Ctrl+Enter〉组合键发布该动画。

3）在磁盘上找到发布后得到的.SWF 的文件，将该文件的主文件名改名为与自定义预设同名的文件名，即将文件重命名为"文字放大和缩小.swf"。

4）将改名为"文字放大和缩小.swf"的文件移到用于保存动画预设文件的位置，如图 5-45 所示。

5）此时，再次在"动画预设"面板中的预设列表中选择自定义预设"文字放大和缩小"，就可以在面板上方的"预览窗口"中查看到该动画效果了，如图 5-46 所示。

注意：一般情况下，动画预设文件是保存在下列的位置的：

<硬盘 C: 或者 D: >\Documents and Settings\<用户>\Application Data\Adobe\Flash CS4\<语言>\Configuration\Motion Presets\。

例如，如果操作系统位于 C 盘中，用户为 Administrator，且软件语言为中文，则动画预

设文件的保存的路径位置为：C:\Documents and Settings\Administrator\Local Settings\ Application Data\Adobe\Flash CS4\zh_CN\Configuration\Motion Presets。

图 5-45　保存预设动画文件的文件夹窗口　　　　图 5-46　预览窗口中查看动画效果

5．动画预设的导出和导入

预设动画可以导出和导入，只要将导出的预设动画设置为 XML 文件，就可以导出。导出之后就可以与其他的用户共享。

（1）导出动画预设

1）在动画预设面板中选中要导出的预设。

2）单击面板右上方的菜单按钮，在弹出的菜单项中选择"导出"命令，如图 5-47 所示。

3）在出现的"另存为"对话框中，设置好 XML 文件保存的位置和名称，如图 5-48 所示。

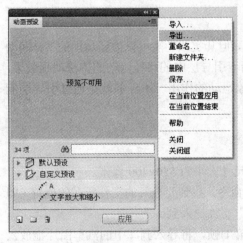

图 5-47　选择"导出"菜单项　　　　　　　图 5-48　"另存为"对话框

4）单击"保存"按钮，即实现预设动画的导出。

（2）导入动画预设

动画预设的导入就是将已经存储成 XML 类型文件的预设导入到动画预设面板中。

● 单击面板右上方的菜单按钮，在弹出的菜单项中选择"导入"命令。
● 在出现的"打开"对话框中选择要导入的 XML 文件，如图 5-49 所示。
● 单击"打开"按钮，就可以将选定的 XML 文件导入到动画预设面板中。

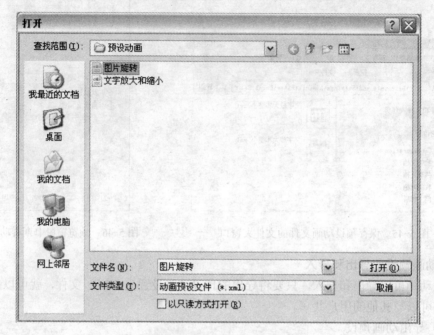

图 5-49 "打开"对话框

5.3 任务 3：应用引导层制作"酷炫的汽车"

5.3.1 任务说明

在 Flash CS4 中，仍然保留着引导层的动画功能，但其实该功能可以被新增加的"补间动画"代替。使用引导层动画，可以制作一种使对象沿着引导层中的路径运动的特殊动画效果，而引导层中的对象却只是起到辅助被引导图层中对象运动的作用。本任务就是通过引导层制作一个"酷炫的汽车"动画效果，如图 5-50 所示。

5.3.2 任务步骤

1）新建一个 Flash 文档，设置背景色为白色，尺寸大小为 550×400 像素。

2）单击菜单"文件"→"导入"→"导入到库"命令，找到要导入的文件所在的位置（即文件夹"chap5/素材文件"），将图片文件"汽车.jpg"文件导入到库中。

3）将图层 1 重命名为"汽车"，选择该图层的第 1 帧，将导入到库中的汽车图片拖放入该帧。

图 5-50 "酷炫的汽车"效果

4）选择舞台中的汽车图片，调整其大小为550×400 像素，位置 X 和 Y 均为 0。其属性面板如图 5-51 所示。

5）新建一个影片剪辑元件，命名为"星星"。

6）进入到该影片剪辑元件的编辑窗口，使用"椭圆工具"和线性渐变的填充颜色，并用逐帧动画的方式，绘制一个忽大忽小、闪闪发光的星星，如图 5-52 所示。

图 5-51 调整舞台中汽车图片的位置和大小

7）再新建一个影片剪辑元件，命名为"文字"。

8）进入该元件的编辑窗口，使用"文本工具"，输入文字"酷炫的汽车"，打开该文字属性面板，设置"系列"为"华文行楷"，"大小"为 90.0点，"颜色"为蓝色，RGB 值为#0000CC，具体参数如图 5-53 所示。

9）返回到场景中，在"汽车"图层的上方新建一个图层，命名为"星星"。

10）从库面板中拖放影片剪辑元件"星星"到"星星"图层的第 1 帧。

11）在图层"星星"的上方再新建一个图层，命名为"引导线"。

12）在"引导线"图层的第 1 帧，选择工具面板中的"钢笔工具"，沿着汽车的边缘轮廓线绘制一条曲线，如图 5-54 所示。

13）选择"引导线"图层和"汽车"图层的第 80 帧，右击选择"插入帧"命令；选择"星星"图层的第 80 帧，右击选择"插入关键帧"命令。

14）选择"星星"图层的第 1 帧，右击选择"创建传统补间动画"命令。

15）选择"引导线"图层，右击选择"引导层"命令，将该图层转换为引导层。

16）调整"星星"图层第 1 帧中的"星星"元件实例，使其对准引导线左边的起点，如图 5-55 所示；调整"星星"图层第 80 帧中的"星星"元件实例，使其对准引导线右边的终点，如图 5-56 所示。

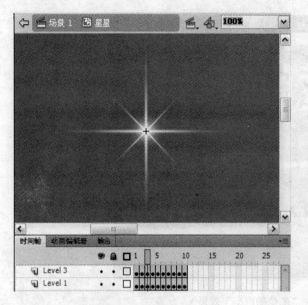

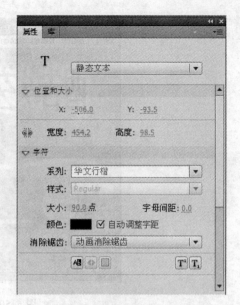

图 5-52　影片剪辑元件"星星"　　　　　　图 5-53　设置文字的属性

17）在"星星"图层的上方，新建一个图层，命名为"文字"。

18）选择"文字"图层的第 1 帧，将库面板中的影片剪辑元件"文字"拖入。

19）选择"文字"图层的第 1 帧，右击选择"创建补间动画"命令，将结束帧拉伸到第 80 帧。

20）选择舞台中"文字"图层第 1 帧中的文字实例，打开其属性面板，为其添加"发光"滤镜的效果，发光"颜色"为白色（#FFFFFF），具体参数如图 5-57 所示。

图 5-54　沿汽车的边缘轮廓线绘制曲线

图 5-55　"星星"图层第 1 帧中的"星星"元件实例对齐设置

120

图 5-56 "星星"图层第 80 帧中的"星星"元件实例对齐设置　　图 5-57　设置"发光"滤镜参数

21）将播放头移动到第 40 帧，选择舞台中该帧的文字实例，打开其属性面板，修改"发光"滤镜参数，具体参数如图 5-58 所示。

22）将播放头移动到第 80 帧，选择舞台中该帧的文字实例，打开其属性面板，修改其"发光"滤镜参数，其具体参数如图 5-59 所示。

图 5-58　修改"发光"滤镜参数 1　　　　　　　　图 5-59　修改"发光"滤镜参数 2

23）该任务制作完成，保存文件，测试影片。

5.3.3　知识进阶

1. 图层面板和图层的操作

（1）图层面板的介绍

图层是 Flash 动画的重要组成部分，更是制作任何的 Flash 动画不可缺少的。如图 5-60 所示，位于时间轴左边的就是图层。在 Flash 中，每个图层都是相对独立的，位于不同图层中的对象是互不影响的。

- 文件夹 ▼ 📁：为图层文件夹，当动画中的图层较多时，可以使用图层文件夹管理创建的图层。
- 普通图层 📑：默认情况下，在 Flash 中创建的图层都为普通图层。

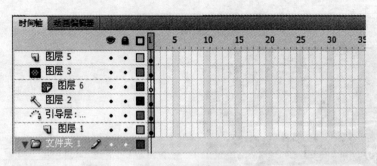

图 5-60　图层面板

- 遮罩图层 ▦：在该图层中，可以绘制遮罩形状。遮罩图层与被遮罩图层相连，当遮罩图层作用于被遮罩图层时，被遮罩层中的内容只能通过遮罩层上的对象部分显示出来。一个遮罩图层可以与多个的被遮罩层相连。
- 被遮罩图层 ▦：当普通图层与遮罩图层相连时即变为被遮罩图层，它保留了普通图层的特点，是一个受遮罩图层影响的层。
- 引导层图层 ✎：在动画中起着辅助静态定位的作用。只要在普通图层上单击，在弹出的快捷菜单中选择"引导层"命令，就可以将普通图层转变为普通引导层。
- 运动引导层 ⌒ᵕ：在动画中起着运动路径的引导作用。它至少与一个普通图层关联，使普通图层中的对象沿着运动引导层中的路径运动。

（2）锁定/解锁图层

在具体的案例操作中，要避免对其他图层中对象的误操作，就需要对图层锁定。被锁定图层中的对象则是不能被编辑的。

- 锁定图层：单击要加锁图层后第 2 列黑点的"锁定"位置，则可以锁定该图层，同时该位置出现一个小锁标识 🔒。如果单击图层面板上方的加锁标识，则可以将所有图层锁定。
- 解锁图层：单击已经被锁定图层的小锁标识 🔒，就可以将该图层解锁。如果再次单击图层面板上方的加锁标识，则可以将所有已经被锁定的图层解锁。

（3）显示/隐藏图层

显示/隐藏图层操作和锁定/解锁图层操作类似。被隐藏图层中的对象是不可见的，同时也是不能被编辑的。

- 隐藏图层：单击要隐藏图层后第 1 列黑点的"隐藏"位置，则可以隐藏该图层，同时该位置出现一个隐藏标识 ✘。如果单击图层面板上方的隐藏标识，则可以将所有图层隐藏。
- 显示图层：单击已经被隐藏图层的隐藏标识 ✘，就可以将该图层显示。如果再次单击图层面板上方的 👁 标识，则可以将所有已经被隐藏的图层显示。

（4）图层的属性

图层属性窗口用于对图层的属性进行编辑，如图 5-61 所示。在窗口中，可以设置图层名称、显示/锁定复选框、图层类型、轮廓颜色、是否将图层视为轮廓、图层高度。例如选择"图层 5"，在该图层的"图层属性"对话框中，设置图层高度为 200%，单击"确定"按钮后，就会发现图层的高度变为原来高度的两倍，如图 5-62 所示。

图 5-61 "图层属性"对话框

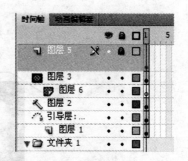

图 5-62 图层高度变为原来的两倍

（5）文件夹

在一些动画影片中，需要要建立许多的图层，此时可以创建图层文件夹来组织这些图层，这样使整个的图层显得有条理。

单击图层面板下方的"插入文件夹"按钮 □ ，就可以在图层面板中插入一个文件夹，该文件夹是对图层进行管制的。

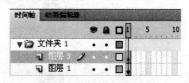

选择要移入到该图层文件夹的图层，直接拖放到图层文件夹图标上即可。此时移到某个文件夹中的图层相对于该文件夹是缩进显示的，如图 5-63 所示。

在图层文件夹中，可以通过单击"展开箭头" ▶ 来展开和折叠文件夹。

图 5-63 以文件夹组织图层

2．引导层和被引导层的创建

引导层动画至少是由两个图层组成的，上面一层是引导层，下面一层是被引导层。创建引导层动画还可以用以下的方法实现，即将已有的两个图层分别转换为引导层和被引导层，从而实现引导层动画的效果。

如下列操作：

1）新建一个文件。

2）插入一个图形元件，命名为"图 1"，在该元件的编辑窗口中，导入一张图片。

3）返回到场景，将库中的元件"图 1"拖放入"图层 1"的第 1 帧。

4）在"图层 1"的上方新建一个图层，命名为"图层 2"。

5）在"图层 2"中的第 1 帧，使用"钢笔工具"绘制一条曲线，如图 5-64 所示。

6）选择"图层 1"的第 60 帧，右击选择"插入关键帧"命令；选择"图层 2"的第 60 帧，右击选择"插入帧"命令。

7）选择"图层 1"的第 1 帧，右击选择"创建传统补间"命令。

8）选择"图层 2"，右击选择"引导层"命令，图层的标识变为 ⟨ 图层2 。

9）选择"图层 1"图标，将其拖动到"图层 2"引导层的下方，松开鼠标，即可创建了引导层和被引导层的关系。此时图层标识如图 5-65 所示。

10）选择"图层 1"的第 1 帧，拖动其中的实例对象到引层图层中路径的左端点；选择"图层 1"的第 60 帧，拖动其中的实例对象到引层图层中路径的右边端点。

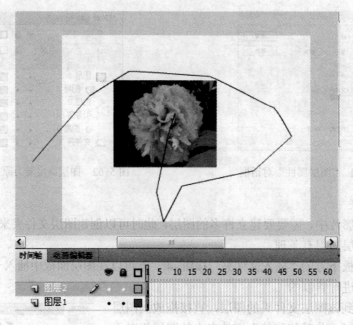

图 5-64　绘制曲线

图 5-65　转换为引导层和被引导层后的图层面板

3．引导层和被引导层中的对象

引导层是用来指示元件运行路径的，所以引导层中的对象内容可以是用"钢笔工具"、"铅笔工具"、"线条工具"、"椭圆工具"、"矩形工具"或"画笔工具"等绘制出的线段，只能是形状，不能是元件或者组件等形式；而被引导层中的对象是跟着引导线走的，可以使用影片剪辑、图形元件、按钮、文字等，不可以为形状。引导层中所绘制的对象在输出时是不可见的。

4．被引导对象吸附路径的调整

引导层动画最基本的操作就是使一个运动动画"附着"在引导路径上，所以操作时要特别注意调整被引导对象起始和终点这两帧中的两个"中心点"，使之对准引导线路径的两个端头。

5．一个引导层引导多个被引导层

可以在一个引导层中绘制一条或者多条引导路径，分别引导多个被引导层中的对象沿着指定的引导路径运动，如图 5-66 所示。

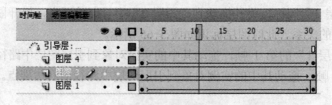

图 5-66　一个引导层引导多个被引导层

5.4 任务 4：应用遮罩层制作"图片切换"

5.4.1 任务说明

在很多的 Flash 作品中，常常看到眩目神奇的效果，其中就不乏使用"遮罩"技术完成。遮罩层是一种特殊的层；位于遮罩中的对象，就好像是制作了一个透明的小孔，通过这个小孔可以呈现出其下方被遮罩图层的对象内容。使用遮罩图层制作的遮罩动画是 Flash 中一个很重要的动画类型，利用它往往能达到一些特殊的效果。本任务即是使用遮罩层来制作的"图片切换"的效果，如图 5-67 所示。

5.4.2 任务步骤

1）新建一个 Flash 文档，设置背景色为白色，尺寸为 308×310 像素。

2）单击菜单"文件"→"导入"→"导入到库"命令，在打开的"导入到库"对话框中选择"chap5\素材文件"文件夹，在其中按住〈Shift〉键，选择要导入的图片文件"chahu1.jpg"、"chahu2.jpg"、"chabei1.jpg"和"chabei2.jpg"，将它们导入到库中。

3）新建一个图形元件，将其命名为"矩形"。

4）进入该图形元件的编辑窗口，绘制一个无笔触颜色，填充色为黑色的矩形，其大小为 62×62 像素，如图 5-68 所示。

图 5-67 使用遮罩层制作"图片切换"效果　　　　图 5-68 绘制黑色矩形

5）新建一个图形元件，将其命名为"椭圆"。

6）进入该图形元件的编辑窗口，绘制一个无笔触颜色，填充色为黑色的椭圆，其大小为 103×50 像素，如图 5-69 所示。

7）新建一个图形元件，将其命名为"五边形"。

8）进入该图形元件的编辑窗口，绘制一个无笔触颜色，填充色为黑色的五边形，其大小为 100×96 像素，如图 5-70 所示。

9）返回到场景，将"图层 1"重命名为"背景"。

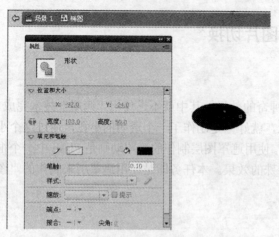

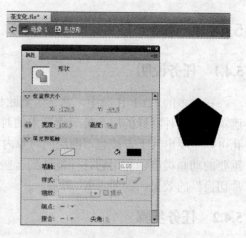

图 5-69　绘制椭圆　　　　　　　　　　图 5-70　绘制五边形

10）从库面板中将"chahu1.jpg"文件拖放入舞台。调整其大小为 308×310 像素，位置 X 和 Y 均为 0，使该图片刚好能平辅舞台，如图 5-71 所示。

11）在图层"背景"上方新建一个图层，命名为"茶壶"。

12）选择图层"茶壶"的第 1 帧，从库面板中将"chahu2.jpg"文件拖放入舞台。调整其大小为 308×310 像素，位置 X 和 Y 均为 0，如图 5-72 所示。

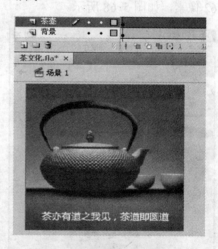

图 5-71　在"背景"图层导入图片　　　　图 5-72　在"茶壶"图层导入图片

13）在图层"茶壶"的上方新建一个图层，命名为"遮罩 1"。

14）在图层"遮罩 1"的第 1 帧，从库面板中将元件"矩形"拖放入舞台，将该元件的实例对象放置在舞台的右下角，如图 5-73 所示。

15）选择图层"遮罩 1"的第 45 帧，右击选择"插入关键帧"命令。

16）使用"任意变形工具"，将第 45 帧中的矩形元件实例放大，直至比舞台略大，如图 5-74 所示。

17）选择图层"遮罩 1"的第 1 帧，右击选择"创建传统补间画"命令。

18）选择图层"遮罩 1"，右击选择"遮罩层"命令。选择"背景"图层的第 45 帧，右击选择"插入帧"命令；选择"茶壶"图层的第 90 帧，右击选择"插入帧"命令。如图 5-75 所示。

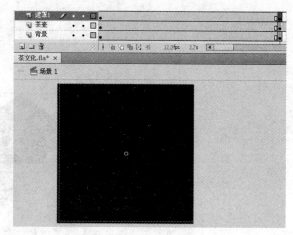

图 5-73　在"遮罩"图层的第 1 帧拖放入"矩形"元件　　图 5-74　放大第 45 帧的"矩形"实例对象

图 5-75　　制作传统补间动画和遮罩层

19）在图层"遮罩 1"的上方新建一个图层，命名为"红茶"。选择该图层的第 45 帧，插入关键帧，且选择该帧，从库面板中拖放图片文件"chabei1.jpg"文件到舞台。

20）调整舞台中该图片的大小为 308×310 像素，位置 X 和 Y 均为 0。选择该图层的第 130 帧，右击选择"插入帧"命令。

21）在图层"红茶"的上方新建一个图层，命名为"遮罩 2"。

22）选择"遮罩 2"图层的第 45 帧，插入关键帧。从库面板中拖放元件"五边形"到该帧。且调整"五边形"元件实例位于舞台中间，如图 5-76 所示。

23）选择"遮罩 2"图层的第 90 帧，插入关键帧。

24）使用"任意变形工具"，放大该帧中"五边形"元件实例对象，使其略大于舞台，且稍向左旋转过任意角度，如图 5-77 所示。

图 5-76　拖放元件"五边形"到图层"遮罩 2"的第 45 帧

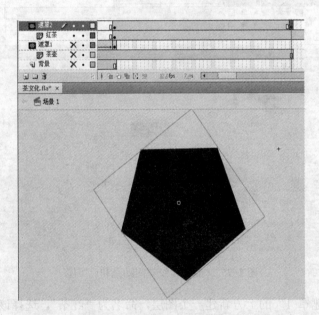

图 5-77　放大图层"遮罩 2"第 90 帧实例对象的大小

25）选择"遮罩 2"图层的第 45 帧，右击选择"创建传统补间"命令。

26）在"遮罩 2"图层的上方新建一个图层，命名为"绿茶"。

27）选择图层"绿茶"的第 90 帧，插入关键帧。选择该帧，从库面板中拖放图片文件"chabei2.jpg"文件到舞台。

28）调整舞台中该图片的大小为 308×310 像素，位置 X 和 Y 均为 0。选择该图层的第 130 帧，右击选择"插入帧"命令。

29）在图层"绿茶"的上方新建一个图层，命名为"遮罩 3"。

30）选择"遮罩3"图层的第90帧，插入关键帧。从库面板中拖放元件"椭圆"到该帧，调整该元件实例位于舞台的左上角，如图5-78所示。

图5-78　在图层"遮罩3"第90帧拖放入"椭圆"元件

31）选择"遮罩3"图层的第130帧，插入关键帧。

32）使用"任意变形工具"，放大该帧中"椭圆"元件实例对象，使其略大于舞台，如图5-79所示。

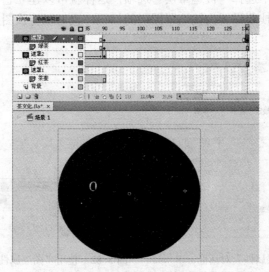

图5-79　放大图层"遮罩3"第130帧实例对象的大小

33）选择"遮罩3"图层的第90帧，右击选择"创建传统补间"命令。单击该帧，打开其属性面板，设置"旋转"为"顺时针"1次，如图5-80所示。

34）该任务即制作完毕，保存文件，测试影片。

5.4.3　知识进阶

使用遮罩层制作遮罩动画是一种神奇而又实用的技术。只有遮罩层内对象内容的区域是透明的，在播放时可以将其下方的被遮罩对象在遮罩对象的轮廓范围内正常显示出来，没有被遮罩的区域是不会显示的。

1. 创建遮罩层

创建遮罩层的方法主要有以下两种。

（1）使用快捷菜单创建遮罩层

选择要作为遮罩层的图层，右击选择"遮罩层"命令，当前的图层就转变为遮罩层了，其图标标识即变为 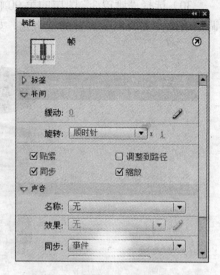，同时位于其下方的图层图标变为被遮罩层，其标识为 。该方法可以将这两个图层自动链接，且它们同时自动被锁定。如果需要对这两个图层进行编辑，要先将它们解锁。如图 5-81 所示。

（2）使用"图层属性"对话框创建遮罩层

双击要转变为遮罩层的图层前面的图层标识 ，或者右击选择"属性"命令，打开"图层属性"对话框，如图 5-81 所示。在其中的"类型"栏中选择"遮罩层"选项，单击"确定"按钮，可以将当前图层转变为遮罩

图 5-80　设置顺时针旋转 1 次

层。但是用这种方法创建的遮罩层，其下方的图层不会自动转变为被遮罩层，如图 5-82 所示。如果要将其下方的图层变为其被遮罩层，可以双击其下方的图层标识，在弹出的"图层属性"对话框中的"类型"栏中选择"被遮罩层"选项，这样就可以建立它们的链接关系。或者，用鼠标直接向右上方拖拽要设置为被遮罩图层的标识，也可以将该图层设置为被遮罩层，如图 5-82 所示。

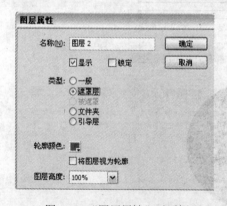

图 5-81　"图层属性"对话框

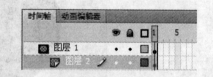

图 5-82　使用"图层属性"对话框创建遮罩层

2. 遮罩和被遮罩层的元素

遮罩层中的图形对象在播放时是看不到的，遮罩层中的对象只能是单一物体、元件或者文字；但不能使用线条，如果一定要用线条，可以将线条转化为"填充"。被遮罩层中的对象只能透过遮罩层中的对象轮廓显示。移动遮罩层上的对象时，不能使用引导层。

3. 遮罩层的效果

遮罩层的效果是能够透过该图层中的对象轮廓显示被遮罩层中的对象及其属性（包括它们的变形效果），但是遮罩层中的对象中的许多属性如渐变色、透明度、颜色和线条样式等却是被忽略的。例如，我们不能通过遮罩层的渐变色来实现被遮罩层的渐变色变化。

130

5.5 任务5：应用骨骼动画制作"跳舞"

5.5.1 任务说明

骨骼运动又称为反向运动，它是 Flash CS4 新增的一项强大功能。骨骼运动是模拟骨骼的有关节结构，轻松地创建关节动画，从而实现不同的运动效果，其中以人物的运动动画最具代表性，如胳膊、腿以及面部表情的运动变化。

使用骨骼，元件实例和形状对象可以做出复杂而自然的动作。早期要实现这样的效果，需要编写大量的脚本语言，或者应用逐帧动画一帧一帧地制作出来。但现在使用骨骼运动动画，只需要指定对象的开始位置和结束位置，就可以创建出自然的动画。本任务就是使用骨骼运动动画制作一个小人的"跳舞"动画效果，如图 5-83 所示。

图 5-83 "跳舞"效果

5.5.2 任务步骤

1）新建一个 Flash 文档，默认文件尺寸为 550×400 像素，设置背景颜色为浅灰色，RGB值为#CCCCCC。

2）插入一个图形元件，命名为"头"，进入该元件的编辑窗口，使用"椭圆工具"绘制一个黑色的圆，如图 5-84 所示。

3）插入一个图形元件，命名为"躯干"，进入该元件的编辑窗口，使用"椭圆工具"绘制一个黑色的椭圆，如图 5-85 所示。

4）插入一个图形元件，命名为"四肢"，进入该元件的编辑窗口，使用"矩形工具"绘制一个小圆角矩形，如图 5-86 所示。

5）插入一个图形元件，命名为"脚"，进入该元件的编辑窗口，使用"椭圆工具"绘制一个椭圆，如图 5-87 所示。

图 5-84 绘制"头"图形元件

图 5-85 绘制"躯干"图形元件

图 5-86 绘制"四肢"图形元件

图 5-87 绘制"脚"图形元件

6）返回到场景中，选择"图层 1"的第 1 帧，从库面板中将制作好的元件拖放到舞台中，并将各元件实例排列成人物的形状，其效果如图 5-88 所示。

7）使用"任意变形工具"调整舞台中各元件实例的实心点位置，如图 5-89 所示。

图 5-88 拖放各元件到图层 1 的第 1 帧形成人物形状

图 5-89 调整舞台各元件实例的实心点位置

8）在工具面板中选择"骨骼工具"，将鼠标移动到舞台中，从"头"元件实例往"躯干"实例开始拖动，鼠标拖到"躯干"实例的实心点时释放开，此时拖出一个骨骼箭头，其效果如图 5-90 所示。

9）从"躯干"元件实例到两边的大腿的实例的实心点上分别拖出两个骨骼链接，如图 5-91 所示。

10）接着继续使用骨骼工具将四肢的元件实例以及脚的实例均使用"骨骼工具"拖出骨骼链接，最后形成一个具有分支结构的人体骨架，如图 5-92 所示。

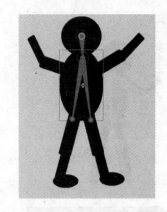

图 5-90 拖出头和躯干的骨骼   图 5-91 拖出躯干和腿的两个骨骼链接

11）当人体骨架全部分制作完成后，图层面板中形成了一个新图层，该图层为姿势图层，且图层默认名称为"骨架_1"，原先"图层1"中关联的骨架移动到了"骨架_1"上，如图5-93所示。

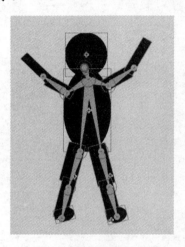

图 5-92 最后形成的人体形状的骨架   图 5-93 "图层1"中关联的骨架移到了新图层"骨架_1"上

12）选择图层"骨架_1"的第20帧，右击选择"插入姿势"命令，然后使用"选择工具"对舞台中的骨骼进行调整，使人物的姿态发生一些变化，调整后的效果如图5-94所示。

13）分别选择图层"骨架_1"的第40帧和第60帧，右击选择"插入姿势"命令，然后再分别使用"选择工具"对舞台中的骨骼进行调整，使人物的姿态再发生一些变化，调整后第40帧的效果如图5-95所示，第60帧的如图5-96所示。

14）最后选择图层"骨架_1"的第90帧，右击选择"插入帧"命令。

15）该任务即制作完成，保存文件，测试影片。

5.5.3 知识进阶

骨骼运动动画是 Flash CS4 版本中新增加的一项功能。使用骨骼，可以让元件实例和形状对象按复杂而自然的方式移动，只需做很少的设计工作，就可以制作出各种各样生动的动画，特别是使人物的动画更符合人体工程学的规律。

图 5-94　调整图层"骨架_1"第 20 帧的骨骼姿势

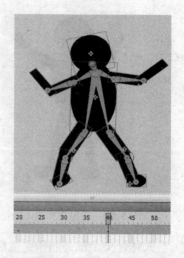

图 5-95　调整图层"骨架_1"第 40 帧的骨骼姿势

图 5-96　调整图层"骨架_1"第 60 帧的骨骼姿势

1. 骨骼工具的使用

在 Flash CS4 的工具面板中,有一个像骨头一样的图标 ,就是"骨骼工具"。使用该工具可以向元件实例或者形状添加骨骼。添加骨骼时形成的骨骼链也称之为骨架。骨架的作用就是将两个物体彼此相连。当向元件实例添加骨骼时,会创建一个链接实例链,而使用该工具向形状添加骨骼时,则是将形状变为骨骼的容器。

（1）为元件实例添加骨骼链接

在舞台上,将所需要链接成骨骼链的元件实例预先排列好位置和大小,如图 5-97 所示。然后单击工具面板中的"骨骼工具",移动鼠标到舞台中,单击要成为骨架的根部或者头部的元件实例,然后拖动到第 2 个要链接起来的元件实例上,在拖动鼠标时,就会出现骨骼形状的箭头;当释放鼠标后,在链接起来的两个实例之间就会显示出实心的骨骼,如图 5-98 所示。每个骨骼都有头部、圆端和尾部（尖端）3 个部分。从一个实例拖动到另一个实例以创建骨骼时，单击要将骨骼附加到实例的特定点上的第 1 个实例。经过要附加到骨骼的第 2 个实例的特定点，释放鼠标。每个元件实例只有一个附加点，这些附加点中可以稍后再编辑。

图 5-97　预先在舞台中将实例排列好位置和大小

图 5-98　利用"骨骼工具"拖动建立骨骼链接

图 5-99 中所建立的骨架中，第 1 个骨骼是根骨骼，它显示为一个圆围绕骨骼头部。默认情况下，每个元件实例的变形点会移动到由每个骨骼连接构成的连接位置上。对于根骨骼，变形点移动到骨骼头部；对于分支中的最后一个骨骼，变形点移动到骨骼的尾部。

图 5-99　为元件实例使用"骨骼工具"建立的骨架

（2）为元件实例添加骨骼的特点

向元件实例添加骨骼时，每个实例只能具有一个骨骼；可以根据需要，使用元件实例创建一个线性链接或者分支结构，例如，制作蛇的骨架，是一级连着一级的，这就是线性链；而人体骨架却是分支分布的，这就需要使用分支结构，如本任务中的案例制作就是建立了分支结构的骨架。

（3）姿势图层

在向元件实例图形添加骨骼时，元件实例或者形状以及关联的骨架就移动到时间轴的新图层上，这个新图层就称为姿势图层。每个姿势图层只能包含一个骨架及其关联的实例或形状。如图 5-100 所示，就是向图中的这几个元件实例添加骨骼后的形成的一个线性骨架的姿势图层。

（4）为形状添加骨骼

"骨骼工具"还可以添加在形状上。使用"骨骼工具"，在形状内单击并拖动到形状内的其他位置上。在拖动时，将显示骨骼。释放鼠标后，在单击的点和释放鼠标的点之间将显示一个实心骨骼。每个骨骼也都具有头部、圆端和尾部。骨架中的第 1 块骨骼是根骨骼，其显示为一个圆围绕骨骼头部。添加了骨骼的形状此时变为 IK 形状对象，如图 5-101 所示。

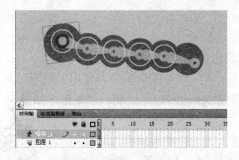

图 5-100　姿势图层

图 5-101　建立的骨架

IK 即反向运动，是一种使用骨骼的有关节结构，对一个对象或彼此相关的一组对象进行动画处理的方法。使用骨骼，元件实例和形状对象可以按复杂而自然的方式移动，只需做很少的设计工作。

（5）为形状添加骨骼的特点

为形状添加骨骼时，可以向单个形状的内部添加单个或者多个骨骼；为具有多个形状的对象添加骨骼时，一般在添加第 1 块骨骼时，先选择所有的形状，然后再将骨骼添加到所选的内容之上。如图 5-102 所示，就是先全选舞台中的这 4 个圆形形状之后，然后再建立的骨架，此时就只建立一个骨架，所以只形成一个姿势图层。而图 5-103 所示的，就是未全选全部形状而逐一建立的骨架，此时在两个圆形间建立一个骨骼链接，因而就有 3 个骨架，中间的两个圆形形状还同时具有两个骨架。

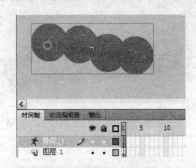 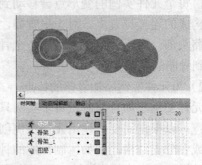

图 5-102　全部添加"骨骼工具"后形成的姿势图层　图 5-103　逐一添加"骨骼工具"后形成的姿势图层

2．移动骨架制作动画

在对元件实例或形状添加了骨骼之后，就可以使用"选择工具"移动骨架对象而制作骨骼动画了。在制作骨骼动画时，是在姿势图层的后续帧中使用"选择工具"移动骨架来完成的。

5.6　操作进阶：综合应用动画技巧制作"焰火"

5.6.1　项目说明

本项目应用引导图层和遮罩图层以及补间动画技巧制作一个"焰火"效果，如图 5-104 所示。

5.6.2　制作步骤

1）新建一个 Flash 文档文件，设置背景色为黑色，尺寸为 550×400 像素。

2）新建一个图形元件，命名为"烟花 1"；进入该元件的编辑窗口，使用"矩形工具"，将笔触颜色设置为"取消"，填充颜色的 RGB 值设置为#999999，绘制一个矩形，如图 5-105 所示。

3）新建一个图形元件，命名为"烟花 2"；进入该元件的编辑窗口，使用"绘图工具"，设置填充颜色的 RGB 值设置为#FF0000，绘制一个如图 5-106 所示的烟花图案。

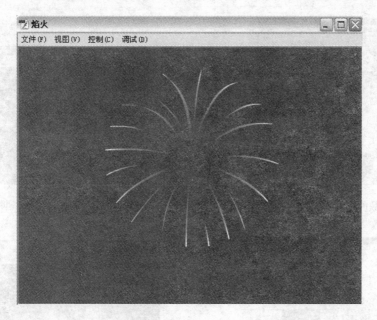

图 5-104 "焰火"效果

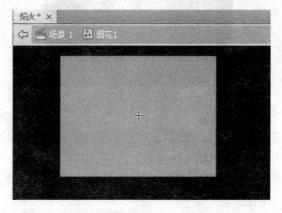

图 5-105 绘制图形元件"烟花 1"

图 5-106 绘制图形元件"烟花 2"

4）新建一个图形元件，命名为"烟花 3"。进入该元件的编辑窗口，使用"椭圆工具"，设置填充颜色为"放射状渐变"。在颜色面板中，设置 3 种渐变颜色，左边颜色滑块为红色，其 RGB 值为#FF0000, Alpha 值为 0%, 其参数设置如图 5-107 所示；中间的颜色滑块为红色，其 RGB 值为#FF0000, Alpha 值为 100%；右边的颜色滑块为橙色，其 RGB 值为#FEBA76, Alpha 值为 100%；然后按住〈Shift〉键绘制一个正圆，如图 5-108 所示。

5）新建一个图形元件，命名为"烟花球"。进入该元件的编辑窗口，使用"椭圆工具"，设置填充颜色为"放射状渐变"；在颜色面板中，设置 3 种渐变颜色，左边颜色滑块为白色，其 RGB 值为#FFFFFF, Alpha 值为 100%, 其参数设置如图 5-109 所示；中间的颜色滑块为浅黄色，其 RGB 值为#FEFBEF, Alpha 值为 20%；右边的颜色滑块为黑色，其 RGB 值为#000000, Alpha 值为 0%；然后按住〈Shift〉键绘制一个正圆，如图 5-110 所示。

6）返回到场景中，将图层 1 重命名为"烟花 1"，选择该图层的第 1 帧，将库中的图形元件"烟花球"拖放入舞台。

图 5-107　颜色面板中的颜色滑块的参数 1

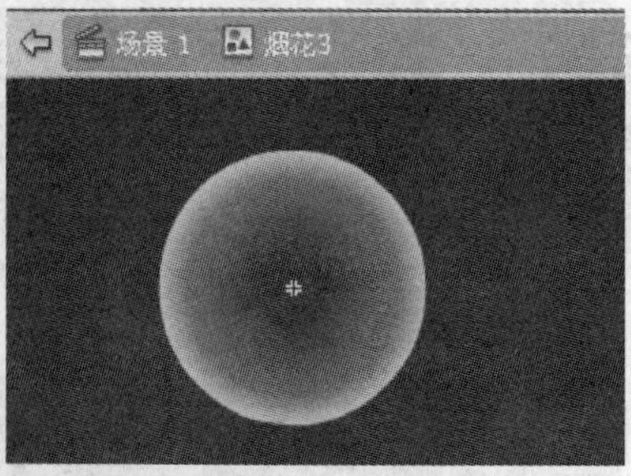

图 5-108　绘制图形元件"烟花 3"

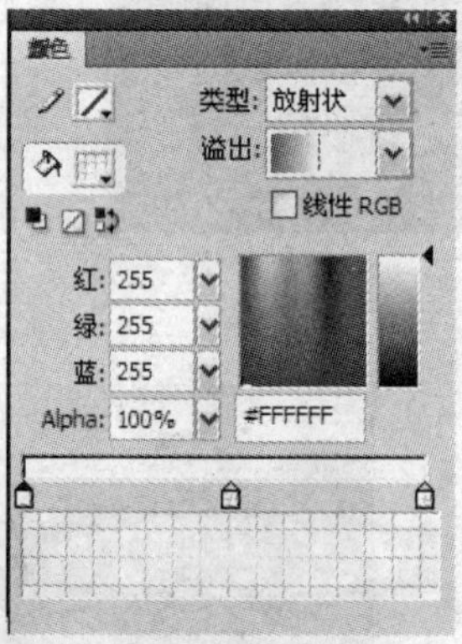

图 5-109　颜色面板中的颜色滑块的参数 2

图 5-110　绘制图形元件"烟花球"

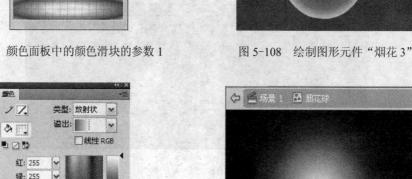

7）在图层"烟花 1"的上方新建一个图层，命名为"烟花 2"。选择该图层的第 33 帧，将该帧转换为关键帧。选择该帧，将库中的图形元件"烟花球"再次拖放入舞台。

8）在图层"烟花 2"的上方新建一个图层，命名为"烟花 3"。选择该图层的第 60 帧，将该帧转换为关键帧。选择该帧，将"库"中的图形元件"烟花球"再次拖放入舞台。

9）选择图层"烟花 3"，右击选择"添加传统运动引导层"命令，即在图层"烟花 3"的上方新建一个引导图层；选择引导层的第 1 帧，使用"铅笔工具"，绘制 3 条任意的曲线，其效果如图 5-111 所示。

10）分别用鼠标向右上方拖动图层"烟花 1"和"烟花 2"，使它们均为被引导层，拖动后的图层面板如图 5-112 所示。

图 5-111　在引导层绘制 3 条曲线

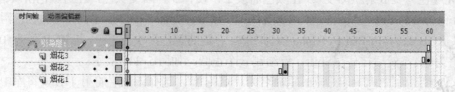

图 5-112　将图层"烟花 1"和"烟花 2"设置为被引导层

11）设置图层"烟花 1"的第 10 帧为关键帧，返回该图层的第 1 帧，右击选择"创建传统补间"命令。选择第 1 帧，将该帧舞台中的"烟花球"实例移动到与中间曲线下方的起点对准；然后选择第 10 帧，将舞台中的"烟花球"实例移动到中间曲线上方的终点对准，使该实例对象沿着中间曲线运动。

12）设置图层"烟花 2"的第 40 帧为关键帧，返回该图层的第 33 帧，右击选择"创建传统补间"命令。选择第 33 帧，将该帧舞台中的"烟花球"实例移动到与右边曲线下方的起点对准；然后选择第 40 帧，将该帧舞台中的"烟花球"实例移动到右边曲线上方的终点对准，使该实例对象沿着右边这条曲线运动。

13）设置图层"烟花 3"的第 66 帧为关键帧，返回该图层的第 60 帧，右击选择"创建传统补间"命令。选择第 60 帧，将该帧舞台中的"烟花球"实例移动到与左边曲线下方的起点对准；然后选择第 66 帧，将该帧舞台中的"烟花球"实例移动到左边曲线上方的终点对准，使该实例对象沿着左边这条曲线运动。设置完成后的时间轴面板如图 5-113 所示。

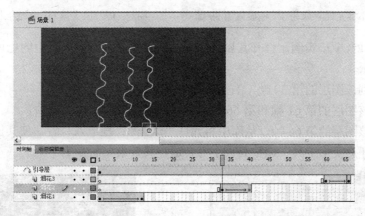

图 5-113　设置"烟花 1"、"烟花 2"和"烟花 3" 3 个图层的补间动画

14）在引导层的上方新建一个图层，命名为"焰火 1"。设置该图层的第 10 帧为空白关键帧，从库中将元件"烟花 3"拖放入舞台，并将其放置在中间曲线的上方，使用"任意变形工具"调整其大小为合适，其效果如图 5-114 所示。

15）设置图层"焰火 1"的第 33 帧为关键帧，使用"任意变形工具"放大该帧舞台中该实例的大小，使其几乎能遮盖住整个舞台，其效果如图 5-115 所示。

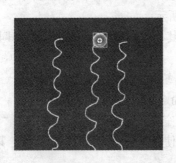

图 5-114　将元件"烟花 3"拖放入舞台中

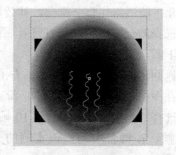

图 5-115　放大第 33 帧舞台中实例的大小

16）返回到该图层的第 10 帧，右击选择"创建传统补间"命令。

17）选择该图层的第 34 帧和第 39 帧，将这两帧设置为空白关键帧。

18）选择该图层的第 39 帧，从库中将元件"烟花 3"拖放入舞台，使其位于右边曲线的上方，使用"任意变形工具"调整其大小为合适，其效果如图 5-116 所示。

19）设置该图层的第 60 帧为关键帧，使用"任意变形工具"放大该帧舞台中该实例的大小，使其几乎能遮盖住整个舞台，其效果如图 5-117 所示。

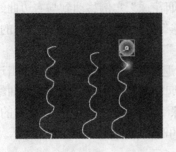 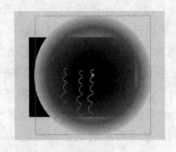

图 5-116　将元件"烟花 3"拖放入第 39 帧　　　图 5-117　放大第 60 帧舞台中实例的大小

20）选择舞台中该实例，打开其属性面板，设置其"色彩效果"中的色调，其具体参数如图 5-118 所示。

21）返回到该图层的第 39 帧，右击选择"创建传统补间"命令。

22）选择该图层的第 61 帧和第 66 帧，将这两帧设置为空白关键帧。

23）选择该图层的第 66 帧，从库中将元件"烟花 3"拖放入舞台，使其位于左边曲线的上方，使用"任意变形工具"调整其大小为合适，其效果如图 5-119 所示。

 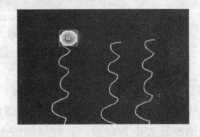

图 5-118　设置实例的"色调"参数　　　图 5-119　将元件"烟花 3"拖放入第 66 帧

24）设置该图层的第 87 帧为关键帧，使用"任意变形工具"放大该帧舞台中该实例的大小，使其几乎能遮盖住整个舞台，其效果如图 5-120 所示。

25）选择舞台中该实例，打开其属性面板，设置其"色彩效果"中的色调，其具体参数如图 5-121 所示。

26）返回到该图层的第 66 帧，右击选择"创建传统补间"命令。

27）在图层"焰火 1"的上方，新建一个图层，命名为"焰火 2"。

28）选择"焰火 2"图层的第 10 帧，将其设置为空白关键帧，从库中将元件"烟花 2"拖放入该帧。在舞台中调整该实例的大小和位置，使其位于中间曲线的上方，其效果如图 5-122 所示。

29）选择"焰火 2"图层的第 33 帧设置为关键帧，调整舞台中该实例的位置，使其略向下，其效果如图 5-123 所示。

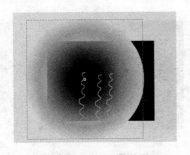

图 5-120　放大第 87 帧舞台中实例的大小

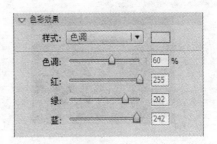

图 5-121　设置实例的"色调"参数

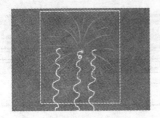

图 5-122　将元件"烟花 2"拖入图
层"焰火 2"的第 10 帧

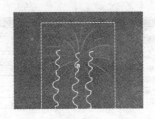

图 5-123　调整图层"焰火 2"的
第 33 帧中实例的位置

30）返回到该图层的第 10 帧，右击选择"创建传统补间"命令。

31）选择"焰火 2"图层的第 34 帧和第 39 帧，将这两帧设置为空白关键帧。

32）选择第 39 帧，将库的"烟花 2"元件再拖入舞台，调整舞台中该实例的大小和位置，使其位于右边曲线的上方，其效果如图 5-124 所示。

33）选择该图层的第 60 帧设置为关键帧，调整舞台中该实例的位置，使其略向下，其效果如图 5-125 所示。

图 5-124　将元件"烟花 2"拖入第 39 帧　图 5-125　调整图层"焰火 2"的第 60 帧中实例的位置

34）返回到该图层的第 39 帧，右击选择"创建传统补间"命令。

35）选择该图层的第 61 帧和第 66 帧，将这两帧设置为空白关键帧。

36）选择第 66 帧，将库的"烟花 2"元件再拖入舞台，调整舞台中该实例的大小和位置，使其位于左边曲线的上方，其效果如图 5-126 所示。

37）选择该图层的第 87 帧设置为关键帧，调整舞台中该实例的位置，使其略向下，其效果如图 5-127 所示。

38）返回到该图层的第 66 帧，右击选择"创建传统补间"命令。

39）选择"焰火 2"图层，右击选择"遮罩层"命令。制作完成时的图层面板如图 5-128 所示。

图 5-126 将元件"烟花 2"拖入第 66 帧　　图 5-127 调整第 87 帧中实例的位置

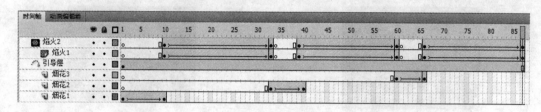

图 5-128 图层面板

40）在"焰火 2"图层的上方新建一个图层命名为"闪光"。

41）选择"闪光"图层的第 12 帧、第 13 帧、第 42 帧和第 68 帧，将这些帧设置为空白关键。

42）从库中将元件"烟花 1"拖放入"闪光"图层的第 12 帧中。调整舞台中该实例的大小大过舞台，并设置属性面板中的 Alpha 值为 50%，其效果和参数如图 5-129 所示。

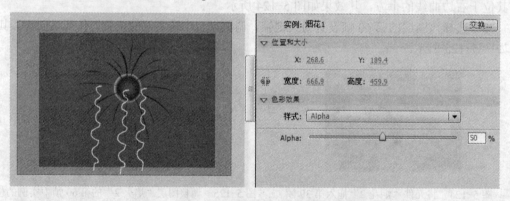

图 5-129 调整"烟花 1"实例的大小和 Alpha 值

43）将该图层的第 12 帧，通过复制帧复制到第 41 帧和第 67 帧。

44）这样该项目即全部制作完成。保存文件，并测试影片。

5.7 习题

1. 填空题

（1）Flash CS4 中的_____工具可以向元件实例或者形状添加骨骼。

（2）3D 转换工具有_____和_____两个工具。它们均是对_____元件

142

起作用的。

（3）引导动画是通过_____创建的一种特殊动画效果。

（4）3D 动画的补间只适用于_____。

（5）动画预设是 Flash CS4 新增的一项功能，是已经内置的_____可以快速地应用到各种对象上。

2．**选择题**

（1）在引导层中绘制作引导路径在文件输出时是（　　）。

    A．可见的　　　　　B．不可见的　　　　C．无法判断　　　D．与引导层中的设置有关

（2）3D 平移工具中的轴有_____个。

    A．1　　　　　　　B．2　　　　　　　C．3　　　　　　D．0

（3）遮罩层中的对象的颜色在输出时是_____。

    A．可见的　　　　　B．不可见

（4）在动画预设面板中，_____自定义预设动画的。

    A．可以　　　　　　B．不可以　　　　　C．视情况而定　　D．无法判断

（5）向元件实例添加骨骼时，每个实例只能具有_____骨骼。

    A．1 个　　　　　　B．两个　　　　　　C．0 个　　　　　D．无数个

3．**问答题**

（1）遮罩层的作用是什么？

（2）怎样取消引导层和遮罩层？

实训八　复杂动画应用

一、**实训目的**

1．应用"预设动画"功能的制作动画。

2．应用 Flash CS4 新增的"3D 平移工具"、"3D 旋转工具"和动画制作技巧制作动画。

3．应用引导层和遮罩层制作动画。

4．应用 Flash CS4 新增的"骨骼工具"制作骨骼运动动画。

二、**实训内容**

1．使用 3D 动画效果制作"电子相册——我爱我家"，其效果如图 5-130 所示。

步骤提示：

1）新建 Flash CS4 文档，设置文档尺寸为 550×400 像素。

2）导入所需要的 3 个家装图片素材。

3）将这 3 个家装图片创建成 3 个影片剪辑元件。

4）返回到场景中，使用 3D 平移工具和 3D 旋转工具和补间动画制作具有 3D 效果的电子相册。

2．使用引导层动画和遮罩层动画制作"无可奈何花落去"，其效果如图 5-131 所示。

步骤提示：

1）新建 Flash CS4 文档，设置文档尺寸为 550×400 像素。

2）使用遮罩层制作水滴落下时，显示下方的落花。

图 5-130 制作 3D 动画工具制作"电子相册——我爱我家"

图 5-131 制作网站横幅动画广告"无可奈何花落去"

3）使用引导层制作花瓣沿着引导线落下的动画效果。

3. 使用预设动画制作网站横幅动画广告"预设动画",其效果如图 5-132 所示。

图 5-132 制作网站横幅动画广告"预设动画"

步骤提示:

1) 新建 Flash CS4 文档,设置文档尺寸为 700×150 像素。

2) 使用预设动画制作横幅中的文字动画效果。

4. 使用"骨骼工具"制作动画"安全出口"指示,其效果图如 5-133 所示。

图 5-133 使用"骨骼工具"制作"安全出口"指示

操作提示:

1) 插入人体"头"、"躯干"、"四肢"、"脚"等元件。

2) 将各元件组成如效果图所示的人物形状。

3) 使用"骨骼工具"建立人体骨架。

4) 在骨架图层中使用"插入姿势"制作人体走路的动画效果。

5) 使用影片剪辑元件制作方向指示箭头。

项目 6 多媒体效果影片的制作

本项目要点

- 音频的应用
- 视频的应用

在制作 Flash CS4 影片时，用户可以将声音和制作好的视频添加到动画文件中，这样不仅可以使影片生动，而且还会让影片更加丰富多彩、更有感染力。

6.1 任务 1：导入声音制作"配音版走进三坊七巷"

6.1.1 任务说明

在影片中添加声音时，必须先将声音文件导入到库中，然后再添加到影片中。添加进来的声音文件还能进行简单的编辑。本任务就是通过对前面项目 5 中制作的"走进三坊七巷"进行配音，制作一个声情并茂的影片，该任务的效果如图 6-1 所示。

图 6-1 "配音版走进三坊七巷"效果图

6.1.2　任务步骤

1）打开配套素材中的文件"chap6\教学案例\6-1配音版走进三坊七巷.fla"，要为该影片添加背景音乐。

2）单击菜单 "文件"→"导入"→"导入到库"命令，在弹出的对话框中选择"chap6\素材文件\茉莉花.mp3"声音文件，将其导入到库中，如图6-2所示。

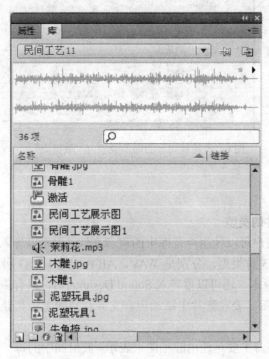

图6-2　导入"茉莉花.mp3"声音文件

3）返回到场景窗口，新添加一个图层，将其命名为"声音"。

4）选择"声音"图层的第1帧，将库中的声音"茉莉花.mp3"拖放入舞台中，如图6-3所示。

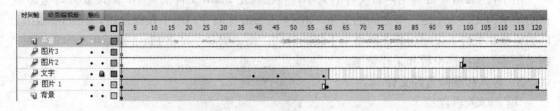

图6-3　将声音文件"茉莉花.mp3"拖放入"声音"图层的第1帧

5）选择"声音"图层的第1帧，打开声音属性面板，在"同步"的下拉列表中选择"数据流"，如图6-4所示。

6）这样即完成对"走进三坊七巷"任务的配音制作，保存文件，并测试影片。

图 6-4　选择声音的同步类型为"数据流"

6.1.3　知识进阶

1．支持的音频文件的类型

在 Flash CS4 中，用户可以使用声音库中的声音文件，也可以导入外部的声音文件。允许导入的外部声音文件有 3 种类型，分别是 WAV、AIFF、MP3 这 3 种格式。如果系统中安装有 QuickTime 4 以上的版本，还可以再导入 Sound Designer II、只有声音的 QuickTime 影片、Sun AU、System 7 声音等。要在影片中添加声音文件，必须先将其导入到库中，才能使用。

2．关于声音

在 Flash CS4 中，声音主要是使用波形图来表示，波形图中的每一条竖线都代表了一个声音采样，声音的质量正是由每秒钟声音的采样值和每个采样值的大小（位数）来决定的。Flash CS4 可以导入采样比率为 11kHz、22kHz 或者 44kHz 的 8 位或 16 位的声音。如果导入的声音记录格式不是 11kHz 的倍数，则需要对声音进行重新采样，在导出时，再把声音转换为采样比率较低的声音。

由于在 Flash 中导入的声音文件的大小将直接决定 Flash 文件的大小，因此要同时考虑声音的质量和文件大小这二者之间的关系。如果将 Flash 作品在网络上发布使用，则应该采用较低的位数和采样，以缩短其在网络上下载的时间；而如果对于是将 Flash 作品用于本地浏览，则需要适当地提高位数和采样频率。

3．导入和删除音频文件

（1）导入声音

单击菜单"文件"→"导入"→"导入到库"命令，在打开的"导入到库"对话框中选择所需要的声音文件，即可将其添加到库面板中，如图 6-5 所示。

（2）在时间轴中加载声音

导入到库面板中的声音就像元件一样列在库中的列表中，要将其加载到时间轴上，才能在影片中播放出声音的效果。

一般要选择一个独立的图层，单独放置一个声音。例如下列操作：

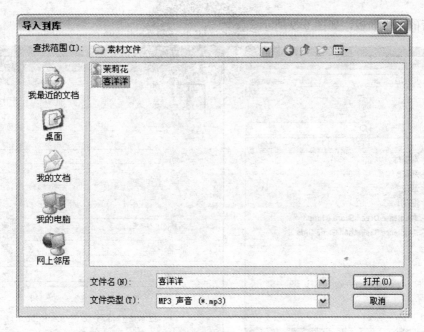

图 6-5 "导入到库"对话框

1）选择一个要放置声音的图层"图层 1"。

2）将声音文件直接从库中拖放到舞台中，声音就添加到该图层的第 1 帧上。但此时因为没有创建关键帧的范围，所以没有显示出声音的波形图，如图 6-6 所示。

图 6-6　声音图层

3）选择该图层的第 45 帧，右击选择"插入帧"命令，在第 1~45 帧之间出现声音波形，如图 6-7 所示。

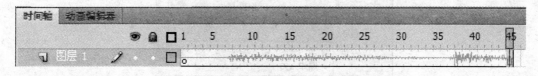

图 6-7　图层上的声音波形图

（3）使用声音库中的音频

Flash CS4 中内置了一个声音库，如果要使用其中的声音，则单击菜单"窗口"→"公用库"→"声音"命令，打开声音库面板，在其列表中选择要添加的声音文件，可以将其直接拖放到库面板中，如图 6-8 所示，再接着将其拖放到舞台中即可；也可以直接从声音库中选择声音拖放到舞台。

（4）声音的删除

当把声音拖放到舞台上后，用鼠标单击时间轴上出现声音的关键帧，此时的属性面板切换为该声音的属性面板，如图 6-9 所示。

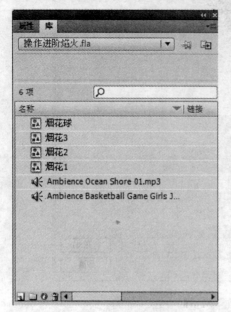

图 6-8　从声音库的列表中拖放声音文件到库面板　　　　图 6-9　声音属性面板

　　此时在该属性面板中，在"名称"的下拉列表中选择"无"，就可将已拖放到时间轴中的声音删除，如图 6-10 所示。

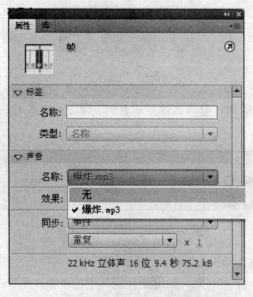

图 6-10　在声音属性面板中选择"名称"为"无"

4. 声音的同步

　　声音的属性面板中提供了 4 种同步方式：数据流和事件、开始、停止。可以打开属性面板中的"同步"下拉列表，从中选择。

（1）数据流

选择该选项，使声音和影片同步播放。使用该方式，在播放影片时，只要 Flash 文件被下载若干帧，数据足够，就开始播放了。在播放时，Flash 会强制调整影片的播放速度和音频流同步。如果动画中的画面播放较快而声音跟不上，或者声音比影片过短，Flash 无法足够快地调整帧时，则播放器会将动画中的有些帧删除，确保二者同步，使声音正常播放。而且该方式的声音是随着影片的停止而停止的。所以该同步方式一般用做动画的背景音乐。如本项目的任务 1 "配音版走进三坊七巷" 即是采用数据流类型的声音。

（2）事件

使用该同步方式，使声音和某个事件同步，即声音的播放是与一个事件触发的。当动画播放到某个关键帧时，附加在该关键帧上的声音即开始播放，而且是独立于时间轴播放整个声音的，即该类声音的播放与动画的时间轴无关。该类型的声音和数据流不同，即使是影片动画结束了，声音也不会随之结束，一般要使用明确的命令使其停止播放。事件类型的声音文件要完全载入后才开始播放，所以事件声音一般作用在按钮或者固定的动作上，而且使用比较小的声音文件。

（3）开始

该类型的声音和事件类型类似，选择该类型的声音，声音和指定的关键帧相关联，即当动画播放到该帧时，声音才开始播放。但是其与事件类型不同的是，该类型会根据声音是否正在播放决定是否开始播放此处的声音，即如果当前正在播放该声音的另一个实例，则会在其他的声音实例播放结束之前，才会播放该声音。

（4）停止

"停止" 是使声音停止播放。通常可以通过某个事件触发来停止声音，因为在播放开始和事件类型的声音时，声音会从头到尾完整播放，所以要有效地控制声音的起止，常常在需要停止声音的位置，添加一个关键帧，在该关键帧添加同一个声音文件，打开该帧声音的属性面板，设置其同步类型为 "停止"，从而实现停止声音的控制。

5．设置声音的效果

在声音的属性面板的 "效果" 选项列表中提供了多种的声音效果，如图 6-11 所示。

6．编辑音频

在使用声音时，除了可以在属性面板中对播放方式和效果进行设置外，还可以使用声音的 "编辑封套" 对话框，对声音进行编辑。选中声音图层中的某个声音，单击声音属性面板中的按钮 ✎ 可以打开声音的 "编辑封套" 对话框，如图 6-12 所示。

打开声音的 "编辑封套" 对话框，如图 6-13 所示。

1）单击 "效果" 下拉列表，可以从中重新选择声音效果。

2）可以上、下、左、右拖动左、右声道声音幅度控制锚点，调整左、右声道的音量；还可以在左、右声道声音大小控制线上单击，添加新的控制锚点。添加新锚点后，如果两个锚点间的边线是倾斜向上，则表明声音是逐渐增大；如果其连线是倾斜向下，则表明声音是逐渐减小的。

3）左、右声道声音幅度控制锚点是可以删除，将要删除的锚点拖动出窗口即可。

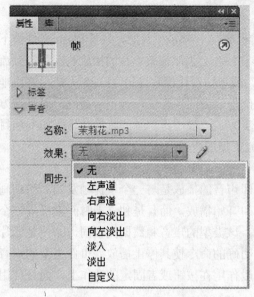

图 6-11　"效果"选项列表

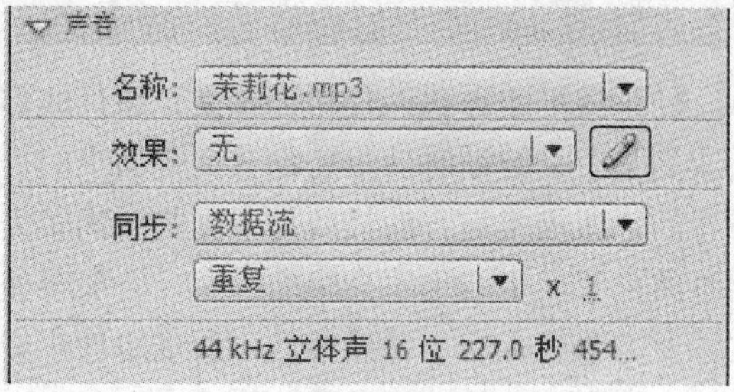

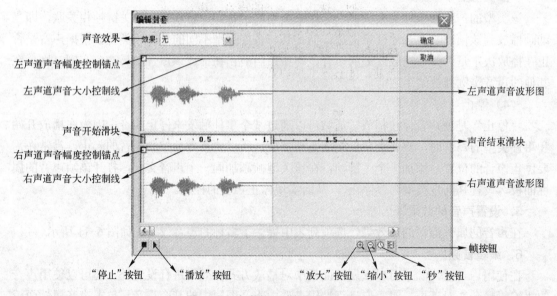

图 6-12　打开声音的"编辑封套"对话框的方法

图 6-13　声音的"编辑封套"对话框

4）拖动"声音开始滑块"和"声音结束滑块"可以设置声音播放时的起点和结束点。通常使用这两个滑块进行声音的部分截取。当然，最好使用专门的声音编辑软件进行编辑。

5）单击"播放"按钮，可以在此处播放声音，单击"停止"按钮，停止播放。

6）单击"放大"按钮，可以放大显示声音的波形，单击"缩小"按钮可以缩小显示声音的波形，从而改变声音的显示长度。

7）单击"秒"按钮可以按"钞"显示波形，单击"帧"按钮可以切换为按"帧"显示波形。

6.2 任务 2：导入视频制作"生命之水"

6.2.1 任务说明

在 Flash CS4 中可以导入视频文件，该导入操作是根据向导步骤的操作提示逐步完成的，而且可以根据需要对导入的视频文件进行调整和编辑，还可以通过编写动作脚本进行控制。在 Flash CS4 中允许导入的视频文件是 QuickTime 或者 Windows 播放器支持的各种标准视频文件。在导入视频文件时，由于所包含的视频文件格式的不同，所以，最后在发布影片时，可以发布为包含视频的 Flash 动画（.swf）或者 QuickTime 电影（.mov）。如下的任务就是采用"使用回放组件加载外部视频"的方式将视频文件导入的，效果如图 6-14 所示。

图 6-14 "生命之水"效果图

6.2.2 任务步骤

1）新建一个文档，默认尺寸为 550×400 像素，设置背景颜色为白色。

2）单击菜单"文件"→"导入"→"导入视频"命令，弹出"导入视频"向导步骤的第 1 步，如图 6-15 所示。

3）单击该对话框中的"浏览"按钮，弹出"打开"对话框，选择"chap6\素材文件"，如图 6-16 所示。从中选择要导入的视频文件"speed01.avi"。

4）单击"打开"按钮，弹出"Adobe Flash CS4"警示框，如图 6-17 所示。

5）单击该对话框中的"确定"按钮。回到向导步骤的第 1 步对话框。单击"开始"菜单→"程序"→"Adobe Media Encoder CS4"命令，打开应用程序"Adobe Media Encoder"，如图 6-18 所示(需要用该应用程序将.avi类型的文件转换为.flv类型，才能顺利导入到 Flash 中)。

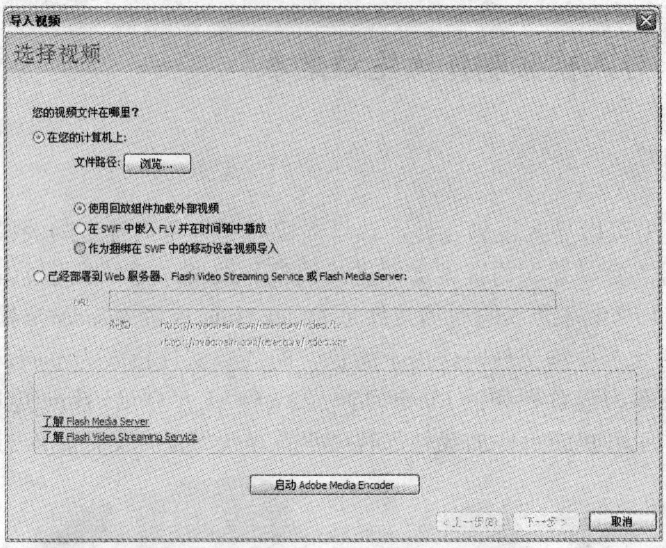

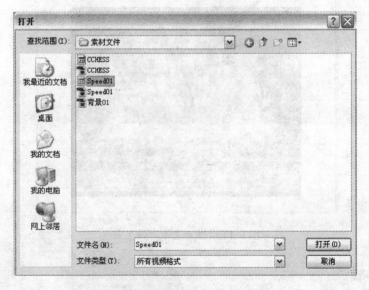

图 6-15　"导入视频"向导步骤的第 1 步

图 6-16　"打开"对话框

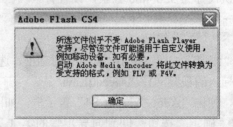

图 6-17　"Adobe Flash CS4"警示框

　　6）返回到 Flash CS4 应用程序窗口，在"导入视频"向导步骤的第 1 步对话框中单击"启动 Adobe Media Encoder"按钮，弹出"Adobe Flash"警告框，如图 6-19 所示。

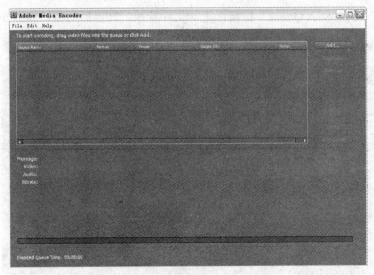

图 6-18 "Adobe Media Encoder"窗口

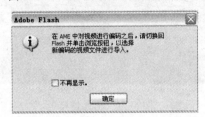

图 6-19 "Adobe Flash"警告框

7）单击该警告框中的"确定"按钮。

8）再次激活"Adobe Media Encoder"窗口，此时该窗口中会出现了要转换文件的列表，如图 6-20 所示。

图 6-20 "Adobe Media Encoder"窗口中的文件列表

9）单击其中的"Start Queue"按钮，进行文件转换，转换后的窗口如图6-21所示。

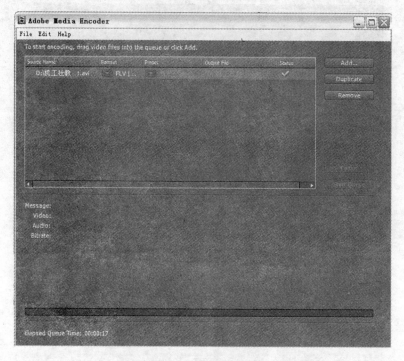

图6-21　文件转换

10）返回到Flash CS4应用程序中，在"导入视频"向导步骤的第1步对话框中再次单击"浏览"按钮。

11）在重新弹出的"打开"对话框中选择转换后的Adobe Flash视频文件。

12）单击"下一步"按钮，弹出"导入视频"向导步骤的第2个对话框，如图6-22所示。

图6-22　"导入视频"向导步骤的第2个对话框

13）在该对话框中设置"外观"和"颜色"，然后单击"下一步"按钮，弹出"导入视频"向导步骤的最后一个对话框，如图 6-23 所示。

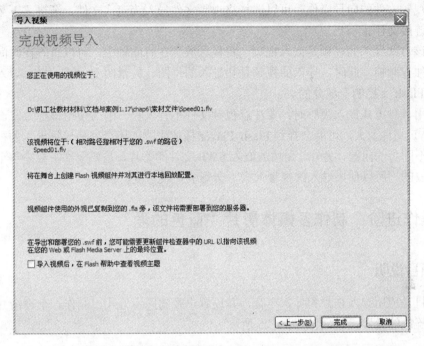

图 6-23　"导入视频"向导步骤的最后一个对话框

14）单击其中的"完成"按钮，该视频导入到舞中和库中。

15）使用"任意变形工具"调整舞台中该视频的大小至合适，如图 6-24 所示。

图 6-24　调整舞台中的视频大小至合适

16）这样完成将该视频文件导入到 Flash 影片中。保存文件，并测试影片。

6.2.3 知识进阶

导入视频文件的向导操作，可以选择将视频文件导入为流式文件、渐进式下载文件、嵌入文件或链接文件。

使用该方式导入的视频是嵌入视频。将视频放置在时间轴中，可以查看在时间轴的帧中表示的单独视频帧。此时，导入的视频是和导入的位图、矢量图文件等一样，导入的视频文件是成为 Flash 文档的一部分的。

在使用该种方式嵌入视频时，要注意视频文件不宜太长。因为使用该种方式，如果最后导出的 SWF 文件太大，可能会导到 Flash Player 播放失败，还会容易导致导入的视频出现视频和音频不同步的问题。另外，要播放嵌入 SWF 文件的影片，是要全部下载完整个影片然后再开始播放的，所以如果导入的视频太大，会影响下载速度。

6.3 操作进阶：制作多媒体影片"蓝色的爱"

6.3.1 项目说明

本项目是应用导入视频和导入声音，并设置声音的同步方式，制作一个声情并茂的多媒体影片"蓝色的爱"，其效果如图 6-25 所示。

图 6-25 "蓝色的爱"多媒体影片

6.3.2 制作步骤

1）新建一个 Flash 文档文件，设置背景色为黑色，尺寸为 550×400 像素。

2）单击"文件"→"导入"→"导入到库"命令，选择文件夹"chap6\素材文件"，将图片文件"花 1.jpg"、"花 2.jpg"和声音文件"蓝色的爱.mp3"导入到库中。

3）单击"文件"→"导入"→"导入视频"命令，选择视频文件"背景01.flv"，应用前面介绍的导入视频文件的方法将其导入到库中。该库面板如图6-26所示。

4）新建一个影片剪辑元件，命名为"蓝色的爱"。进入到该元件的编辑窗口中，使用文本工具，输入文字"蓝色的爱"，设置该文字的"系列"为"华文行楷"；"大小"为90.0点，"颜色"为"蓝色"，RGB值为#0000CC。其具体属性如图6-27所示。

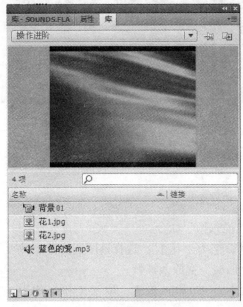

图6-26　库面板

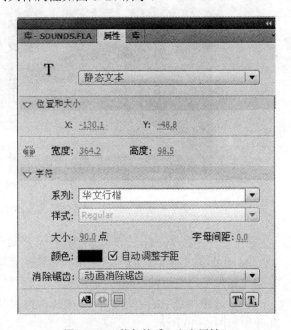

图6-27　"蓝色的爱"文字属性

5）返回到场景中，将"图层1"重命名为"视频"。选择该图层的第1帧，将库面板中的"背景01"视频文件拖放到舞台中，且调整舞台中该视频的尺寸大小为550×335像素，位置X为0，Y为33，其效果和具体参数如图6-28所示。

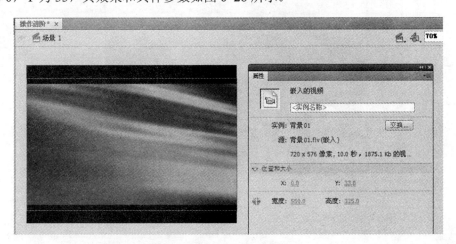

图6-28　导入视频及其参数

6）在"视频"图层的上方新建一个图层，命名为"文字"，将库中的文字"蓝色的爱"

拖放到该图层的第 1 帧，并使文字位于舞台的中间。

7）选择舞台中的"蓝色的爱"文字，打开其属性面板，为其添加"投影"滤镜效果，设置投影颜色为白色，RGB 值为#FFFFFF；其效果和具体参数如图 6-29 所示。

图 6-29 添加"投影"滤镜效果

8）选择"文字"图层的第 240 帧，右击选择"插入帧"命令。

9）在图层"文字"的上方新建一个图层，将其命名为"花 1"；选择该图层的第 15 帧，将其设置为空白关键帧，选择库中的图片文件"花 1.jpg"拖放入该帧。

10）选择舞台中的"花 1.jpg"图片，设置其大小为 550×400 像素，位置 X 和 Y 均为 0。其效果如图 6-30 所示。

图 6-30 设置拖放到舞台中的"花 1.jpg"图片的大小和舞台一样大

11）选择"花 1"图层的第 240 帧，右击选择"插入帧"命令。

12）在图层"花 1"的上方新建一个图层，将其命名为"矩形"。选择该图层的第 15 帧，将其设置为空白关键帧，在该帧中使用"矩形工具"绘制一个小矩形，设置该小矩形的颜色为黑色，大小为 20×20 像素，位置 X 和 Y 均为 0，且位于舞台的左上方，如图 6-31 所示。

图 6-31　在"矩形"图层的第 15 帧绘制一个小矩形

13）选择"矩形"图层第 95 帧舞台中的矩形图形，使用"任意变形工具"，将该矩形放大，使其和舞台一样大，且刚好铺满舞台，如图 6-32 所示。

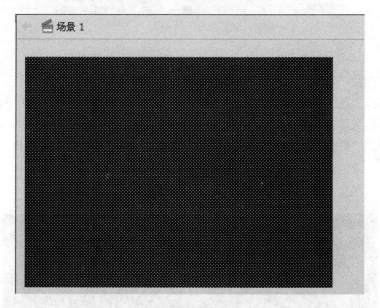

图 6-32　在第 95 帧放大矩形使其刚好铺满舞台

14）返回选择"矩形"图层的第 15 帧，右击选择"创建补间动画"命令。

15）选择"矩形"图层，右击选择"遮罩层"命令，将该图层转换为遮罩层，同时位于其下方的"花 1"图层转换为被遮罩层，如图 6-33 所示。

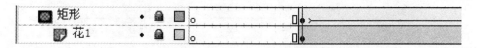

图 6-33　设置图层"矩形"为遮罩层

16）在图层"矩形"的上方新建一个图层，命名为"花2"。选择该图层的第125帧，将该帧设置为空白关键帧。

17）选择图层"花2"的第125帧，将库中的"花2.jpg"图片文件拖放入该帧。选择舞台中该帧的图片，设置其大小为550×400像素，位置X和Y均为0。其效果如图6-34所示。

图6-34　在第95帧放大矩形使其刚好铺满舞台

18）选择图层"花2"的第240帧，右击选择"插入帧"命令。

19）在图层"花2"的上方新建一个图层，命名为"椭圆"。选择该图层的第125帧，将该帧设置为空白关键帧。

20）在图层"椭圆"的第125帧，使用"椭圆工具"，在舞台的中间绘制一个小椭圆，如图6-35所示。

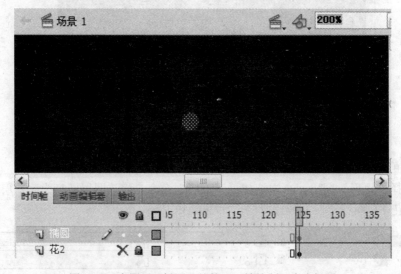

图6-35　在图层"椭圆"的第125帧绘制一个小椭圆

21）选择图层"椭圆"的第190帧，右击选择"插入关键帧"命令。

22）选择该帧舞台中的椭圆图形，使用"任意变形工具"，将其放大到能够将舞台盖住，如图6-36所示。

图6-36　在图层"椭圆"的第190帧放大椭圆至能盖住舞台

23）选择图层"椭圆"的第125帧，右击选择"创建补间动画"命令。

24）选择"椭圆"图层，右击选择"遮罩层"命令，将该图层转换为遮罩层，同时位于其下方的"花2"图层转换为被遮罩层，如图6-37所示。

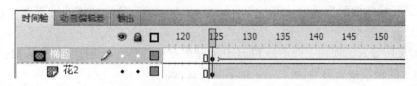

图6-37　设置图层"椭圆"为遮罩层

25）选择"椭圆"图层的第240帧，右击选择"插入帧"命令。

26）在"椭圆"图层的上方新建一个图层，命名为"声音"，选择该图层的第1帧，将库中的声音文件"蓝色的爱"拖入。选择该图层的第1帧，打开其属性面板，设置其同步方式为"开始"。如图6-38所示。

图6-38　设置声音文件的同步方式

27）这样该项目即制作完成，保存文件，并测试影片。

6.4　习题

1．填空题

（1）声音文件添加到影片中，需要先_____，再拖入舞台中。

（2）声音文件的同步方式设置为_____时，才能与时间轴同步播放。

（3）声音属性面板中提供了4种同步方式，分别为_____、_____、_____和_____。

（4）在声音属性面板中，"效果"列表项下的"淡入"表示_____。

（5）导入视频文件的向导操作，可以选择将视频文件导入为流式文件、_____、嵌入文件或者_____。

2．选择题

（1）声音的"封套编辑"对话框中，不可以设置（　　）。

    A．开始播放的位置　　　　　　　　　　B．开始播放的位置

    C．混合效果　　　　　　　　　　　　　D．淡入效果

（2）如果所导入的视频文件不是Flash Player所支持的，则需要打开Adobe Media Encoder窗口将视频文件转换成所需要的（　　）类型的文件。

    A．.flv　　　　　　　B．.fla　　　　　　　C．.avi　　　　　　　D．.swf

（3）要删除拖放到场景中的声音，可以（　　）。

    A．该属性面板中，在"名称"的下拉列表中选择"无"

    B．按〈Delete〉键

    C．无法删除

    D．删除帧

（4）要对声音进行简单的编辑，可以打开"（　　）"对话框。

    A．封套编辑　　　　B．同步　　　　C．属性　　　　D．图层

（5）在声音属性面板中选择"效果"为（　　）时，可以使声音逐渐增大。

    A．淡入　　　　　　　　　　　　　　　B．从右到左淡出

    C．淡出　　　　　　　　　　　　　　　D．从左到右淡出

3．问答题

（1）Flash中可以导入的声音文件可以有哪些？

（2）如何将一个视频文件导入Flash中？

实训九　多媒体影片的制作

一、实训目的

1．应用声音导入功能和简单的编辑功能，制作一个声情并茂的动画作品。

2．应用外部视频文件的导入功能，制作一个多媒体的动画影片。

二、实训内容

1. 将外部声音导入制作"配音茶韵"，如图 6-39 所示。

图 6-39　为"茶韵"文件配音

操作提示：

1）将项目 5 中制作的"茶韵"文件打开。

2）导入声音文件"古筝平湖秋月.mp3"到库中。

3）从库中将该声音文件拖到舞台的新建图层中。

4）打开声音属性面板，设置声音"同步"为不同的方式，测试影片效果。

5）打开声音的"编辑封套"对话框，截取喜欢的声音片断，并设置效果。

2. 导入视频文件，制作"画中画"，如图 6-40 所示。

图 6-40　导入视频和声音文件制作"画中画"

操作提示：

1）新建一个文档，设置其大小为 550×400 像素。

2）导入所需要的视文件。

3）导入所需要的声音文件和电视机图案的图像文件。

4）将电视图像拖放入"图层 1"的第 1 帧。

5）将视频文件从库中拖放入新建的"图层 2"的第 1 帧。

6）在"图层 2"的上方新建"图层 3"，在该图层使用"矩形工具"绘制一个矩形，使该矩形刚好遮盖住电视机的屏幕区域；将"图层 3"设置为遮罩层。

7）将"图层 1"和"图层 3"的第 192 帧设置为普通帧。

8）在"图层 3"的上方新建一个图层，在该图层拖放入声音文件，调整声音与画面的动画同步。

项目7 使用行为制作简单交互影片

本项目要点

● 添加行为
● 行为设置
● 行为组合

行为就是常用的 ActionScript 脚本，即系统将预先编写好的 ActionScript 脚本封装起来，便于用户使用。在行为面板中，用户可以将行为添加到某个对象上，不必自己动手去编写 ActionScript 脚本代码，但又达到常用的脚本代码所带来的强大控制能力，从而实现影片作品的交互效果。

行为可以使不具备编程知识的用户也能实现交互性影片的设计，而且大大减少设计过程中基本代码的出错率和难度。另外，通过行为这部分内容的学习，可以对后面继续学习 ActionScript 脚本部分的内容作好铺垫。

7.1 任务1：为按钮元件实例添加行为制作 "福州导航"小网站

7.1.1 任务说明

行为是可以添加在按钮元件实例、影片剪辑元件实例和某个关键帧上的。本任务是为按钮元件实例添加"转到 Web 页"行为而制作的一个完全应用 Flash 形成的小网站效果。其具体效果如图 7-1 所示。

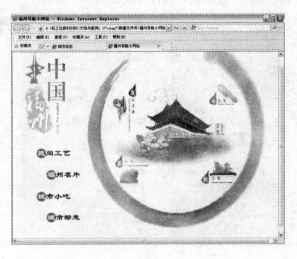

图 7-1 "福州导航小网站"效果

7.1.2 任务步骤

1）在 Flash 应用程序窗口中，单击菜单"文件"→"新建"命令，弹出"新建文档"对话框，在其中选择"Flash 文件（ActionScript 2.0）"，再单击"确定"按钮，如图 7-2 所示。

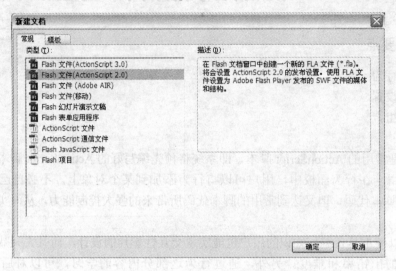

图 7-2　"新建文档"对话框

2）在新建的 Flash 文档中，设置背景色为白色（#FFFFFF），尺寸为 700×500 像素。

3）单击菜单"文件"→"导入"→"导入到库"命令，在打开的文件夹"chap7\7-1 福州导航小网站\素材文件"中选择图片文件"雾气效果.jpg"和"背影.jpg"，将其导入到库中。

4）插入一个图形元件，命名为"民间工艺"，在该元件的编辑窗口中，将"图层 1"改名为"字"，选择该图层的第 1 帧，使用"文字工具"输入"民间工艺"文字，在该文字属性面板中设置"系列"为"隶书"，"大小"为 22.0 点，第 1 个字颜色为白色（#FFFFFF），后 3 个字的颜色为黑色（#000000），其效果和属性面板如图 7-3 所示。

图 7-3　文字效果和属性面板

5）新建一个图层，命名为"底色"，移动图层"底色"，使其位于图层"字"的下方，在图层"底色"中绘制一个红色（#FF0000）的椭圆，且使该椭圆位于第1字的下方，其效果如图7-4所示。

6）插入一个按钮元件，命名为"民间工艺按钮"。从库中拖放图形元件"民间工艺"到该按钮元件的"弹起"帧，其效果如图7-5所示。

图7-4　绘制椭圆底色　　　　图7-5　按钮元件"民间工艺按钮"的"弹起"帧

7）右击"指针"，选择"插入关键帧"命令，使用"绘图工具"，在文字的左右两侧绘制两下中括号的图形。其效果如图7-6所示。

8）复制"弹起"帧，将其分别粘贴到"按下"和"点击"帧，该按钮即制作完成。其效果如图7-7所示。

图7-6　元件"民间工艺按钮"的"指针"帧　图7-7　将"弹起"帧分别复制到"按下"和"点击"帧

9）重复步骤3～步骤7，用相同的方法再制作3个按钮元件，其名称分别为"福州名片"、"城市小吃"和"城市标志"。在按钮"福州名片"中的文字为"福州名片"；在按钮"城市小吃"中的文字为"城市小吃"；在按钮"城市标志"中的文字为"城市标志"。各按钮的效果如图7-8～图7-10所示。

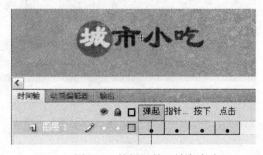

图7-8　按钮元件"福州名片"　　　　图7-9　按钮元件"城市小吃"

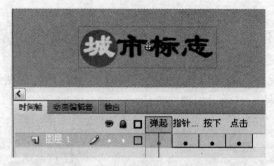

图 7-10　按钮元件"城市标志"

10）返回到场景中，将图层名改名为"背景"，从库中拖放图片"背景.jpg"到该图层的第 1 帧，以用做背景。设置该图片属性的大小为 700×500 像素，位置 X 和 Y 均为 0，效果如图 7-11 所示。

图 7-11　将图片"背景.jpg"用做舞台的背景

11）在背景图层的上方新建一个图层，命名为"雾"；从库面板中，将"雾气效果.jpg"图片拖放到该层的第 1 帧。调整其大小，使其比舞台大，且略偏向左边，如图 7-12 所示。

图 7-12　图片"雾气效果.jpg"拖放入舞台的效果

170

12）选择"雾"图层的第 100 帧，将该帧设置为关键帧，向右稍移动该帧中"雾"图片。返回到第 1 帧，鼠标右击选择"创建传统补间"命令。

13）在图层"雾"的上方新建一个图层"按钮"，从库中将前面制作的按钮元件"民间工艺"、"福州名片"、"城市小吃"和"城市标志"拖放到舞台中，调整位置和大小，如图 7-13 所示。

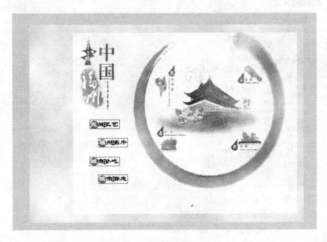

图 7-13　把库的 4 个按钮元件拖放入舞台中的效果

14）将该文件保存在一个新建文件夹中，将文件名称命名为"福州导航小网站（首页）.fla"。

15）新建一个"Flash 文件（ActionScript 2.0）"的新文档。

16）在该文件中，从文件夹"chap7\7-1 福州导航小网站\素材文件"中选择图片文件"民间工艺.jpg"导入到库中。

17）选择"图层 1"的第 1 帧，将库中的该图片拖放到舞台中，调整舞台中该图片的大小和位置，使其刚好和舞台对齐。

18）保存该文件，将文件名称命名为"民间工艺.fla"，如图 7-14 所示。

图 7-14　文件"民间工艺"

19）单击菜单"文件"→"发布设置"命令，弹出"发布设置"对话框，选择其中的"格式"选项卡，勾选其中的"Flash"和"HTML"：单击"HTML"后的按钮 📖，在打开的"选择发布目标"对话框中，将该文件保存在前面创建的文件夹中，文件名称设置为"民间工艺"，注意此时要选择"保持类型"为"HTML（*.html）"，如图 7-15 所示。

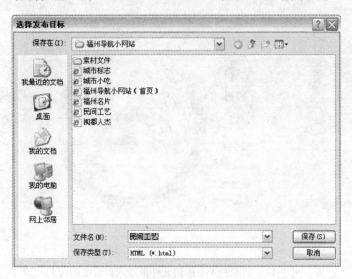

图 7-15　"选择发布目标"对话框

20）新建一个"Flash 文件（ActionScript 2.0）"的新文档。

21）在该文件中，从文件夹"chap7\7-1 福州导航小网站\素材文件"中选择图片文件"福州名片.jpg"导入到库中。

22）选择"图层 1"的第 1 帧，将库中的该图片拖放到舞台，调整舞台中该图片的大小和位置，使其刚好和舞台对齐。

23）保存该文件，将文件名称命名为"福州名片.fla"，如图 7-16 所示。

图 7-16　文件"福州名片"

24）重复步骤 19，将文件的主文件名指定为"福州名片"。注意：在发布设置时，要将该文件发布到与前面发布的"福州名片.html"相同的位置。

25）新建一个"Flash 文件（ActionScript 2.0）"的新文档。

26）在该文件中，从文件夹"chap7\7-1 福州导航小网站\素材文件"中选择图片文件"城市小吃.jpg"导入到库中。

27）选择"图层 1"的第 1 帧，将库中的该图片拖放到舞台，调整舞台中该图片的大小和位置，使其刚好和舞台对齐。

28）保存该文件，将文件名称命名为"城市小吃.fla"，如图 7-17 所示。

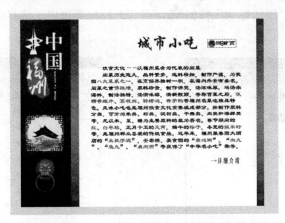

图 7-17　文件"城市小吃"

29）重复步骤 19，将文件发布为 HTML 类型。注意：文件要发布到与前面发布相同的位置，文件名称指定为"城市小吃.html"。

30）新建一个"Flash 文件（ActionScript 2.0）"的新文档。

31）在该文件中，从文件夹"chap7\7-1 福州导航小网站\素材文件"中选择图片文件"城市标志.jpg"导入到库中。

32）选择"图层 1"的第 1 帧，将库中的该图片拖放到舞台，调整舞台中该图片的大小和位置，使其刚好和舞台对齐。

33）保存该文件，将文件名称命名为"城市标志.fla"，如图 7-18 所示。

图 7-18　文件"城市标志"

34）重复步骤 19，将文件发布为 HTML 类型。注意：文件要发布到与前面发布相同的位置，文件名称指定为"城市标志.html"。

35）现在重新打开"福州导航小网站（首页）.fla"文件。在其中，要对 4 个按钮元件实例添加"转到 Web 页"行为，将各个独立页 HTML 页链接成一个小网站。

36）选择舞台中的"民间工艺"按钮元件实例，单击菜单"窗口"→"行为"命令，打开行为面板，如图 7-19 所示。

37）单击其中的"添加行为"按钮，在其下拉出菜单中，选择"Web"→"转到 Web 页"命令，如图 7-20 所示。

图 7-19　行为面板

图 7-20　在行为面板中选择"转到 Web 页"命令

38）弹出"转到 URL"对话框，在其中的"URL"文本框中输入"民间工艺.html"，在"打开方式"中选择"_blank"，如图 7-21 所示。此时的行为面板如图 7-22 所示。

图 7-21　"转到 URL"对话框

图 7-22　行为面板

39）单击"释放时"，单击其后出现的带小三角的按钮，在弹出的下拉菜单中选择"按下时"命令。

40）重复步骤 34～步骤 38，用相同的方法为舞台中的"福州名片"、"城市小吃"和"城市标志"3 个按钮元件的实例也添加"转到 Web 页"行为。"福州名片"按钮实例转到的 URL

为"福州名片.html";"城市小吃"按钮实例转到的 URL 为"城市小吃.html";"城市标志"按钮实例转到的 URL 为"城市标志.html"。

41）这样该任务全部制作完成。保存该文件，测试影片，此时单击这 4 个按钮时，能分别转到打开网页来浏览前面制作的 "民间工艺"、"福州名片"、"城市小吃"和"城市标志"这四个 HTML 类型的文件。

7.1.3　知识进阶

1. 行为面板的使用

单击菜单"窗口"→"行为"命令，可以打开行为面板。在 Flash 文档中添加、删除和编辑行为均是在行为面板中实现的。行为面板如图 7-23 所示。

（1）添加行为

选中添加行为的对象，如一个按钮元件的实例，然后单击面板中的"添加行为"按钮，在其下拉菜单中包含很多可以添加的行为，如图 7-24 所示。

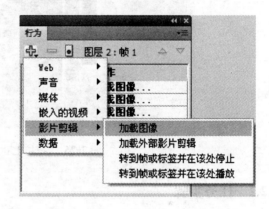

图 7-23　行为面板　　　　　　　　　　　图 7-24　添加行为

（2）删除行为

在行为面板中，先选择要删除的行为项，然后单击"删除行为"按钮，就可以将所选中的行为删除。

（3）移动行为

在行为面板中，选中要移动的行为，单击"上移"按钮，可以将选中的行为向上移动位置；单击"下移"按钮，可以将选中的行为向下移动位置。行为移动后并不影响效果。

7.2　任务 2：为关键帧和影片剪辑元件实例添加行为
　　　制作"三坊七巷照片欣赏"

7.2.1　任务说明

行为除了可以添加在按钮上、实现影片的互动效果之外，还可以附加在某一个关键帧上或添加在影片剪辑元件的实例上。

本任务分别在关键帧和影片剪辑元件的实例上添加行为来加载外部图像，或单击图像将其顶到最前，实现便于浏览的互动看图影片效果，如图 7-25 所示。

图 7-25 "三坊七巷照片欣赏"效果

7.2.2　任务步骤

1）新建一个"Flash 文件（ActionScript 2.0）"的新文档，设置背景颜色为灰色（#999999），尺寸为 600×500 像素。单击菜单"文件"→"保存"命令，将该文件保存于一个新建的文件夹中。

2）单击菜单"文件"→"导入"→"导入到库"命令，打开文件夹"chap7\7-2 三坊七巷照片欣赏\素材文件"，将其中的图片文件"三坊 1.jpg"、"三坊 2.jpg"、"三坊 3.jpg"和"三坊 4.jpg"导入到库中。

3）插入一个影片剪辑元件，命名为"矩形"。进入该元件的编辑窗口中，使用"矩形工具"，绘制一个无边框轮廓，RGB 值为#666666，大小为 310×235 像素的矩形，并使该矩形的左上角位于中心点，如图 7-26 所示。

4）返回到场景中，选择"图层 1"的第 1 帧，从库中将"矩形"元件分别拖放 4 次入舞台中，打开属性面板，分别将这 4 个实例命名为"P1"、"P2"、"P3"和"P4"，调整舞台中各实例的位置为前后叠加，如图 7-27 所示。

5）在"图层 1"的上方新建一个图层，命名为"图层 2"。选择"图层 2"的第 1 帧，单击菜单"窗口"→"行为"命令，打开行为面板。

6）单击行为面板中的"添加行为"按钮右下角的小三角形，在其下拉菜单中选择"影片剪辑"→"加载图像"命令，如图 7-28 所示。

图 7-26　绘制矩形

图 7-27　对各实例命名且调整位置

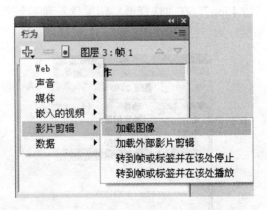

图 7-28　在行为面板中选择"加载图像"命令

7）接着弹出"加载图像"对话框，在该对话框的"输入要加载的.JPG 文件的 URL"文本框中输入要加载的外部图像文件的 URL"三坊 1.jpg"，因为此时要加载的外部图像文件与源文件位于同一个路径下，所以使用相对路径。在"选择要将该图像载入到哪个影片剪辑"的项目中，选择"P1"。具体设置参数如图 7-29 所示。

8）这样，就可以在舞台中"P1"影片剪辑实例的位置将外部图像"三坊 1.jpg"加载进来了。此时的行为面板如图 7-30 所示。

图 7-29 "加载图像"对话框

图 7-30 添加了"加载图像"行为的行为面板

9）保持选择"图层 2"第 1 帧，重复步骤 6，第 2 次打开"加载图像"对话框，在其中的"输入要加载的.JPG 文件的 URL"文本框中输入"三坊 2.jpg"，在"选择将该图像载入到哪个影片剪辑"中选择"P2"。

10）重复步骤 6，第 3 次打开"加载图像"对话框，在其中的"输入要加载的.jpg 文件的 URL"文本框中输入"三坊 3.jpg"，在"选择将该图像载入到哪个影片剪辑"中选择"P3"。

11）重复步骤 6，第 4 次打开"加载图像"对话框，在其中的"输入要加载的.jpg 文件的 URL"文本框中输入"三坊 4.jpg"，在"选择要将图像载入到哪个影片剪辑"中选择"P4"。

12）完成以上 4 次添加行为，行为面板如图 7-31 所示。

图 7-31 完成 4 次添加行为后的行为面板

13）此时单击菜单"控制"→"测试影片"命令，预览该影片，就可以看到加载外部图像的效果了，如图 7-32 所示。

14）关闭此时的预览窗口，返回到场景中。在"图层 2"的上方新建一个图层，命名为"图层 3"，在该图层的第 1 帧中，使用"文本工具"输入文字"单击照片可以顶到最前"；

178

设置该文字的属性，"系列"为"华文行楷"；"大小"为 50.0 点；"颜色"为白色，RGB
值为#FFFFFF。其在舞台中的位置和属性面板如图 7-33 所示。

15）单击选择舞台中的"P1"影片剪辑实例，在行为面板中添加"影片剪辑"中的"移
到最前"行为，如图 7-34 所示。

图 7-32　预览影片

图 7-33　文字的位置和属性面板

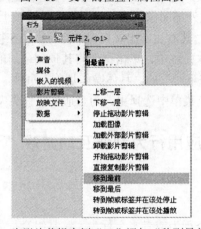

图 7-34　为影片剪辑实例"P1"添加"移到最前"行为

16）此时的行为面板如图 7-35 所示，其默认的事件为"释放时"，可以用鼠标单击选择面板中的"释放时"，其右边即出现一个黑色小三角；继续用鼠标单击该黑色小三角形，其下拉菜单如图 7-36 所示，在该下拉菜单中选择"按下时"，就可以改变鼠标的事件了。

图 7-35　实例"P1"的"行为"面板

图 7-36　修改事件为"按下时"

17）分别选择舞台中的影片剪辑实例"P2"、"P3"和"P4"，重复步骤 15 和步骤 16，分别为这 3 个实例也添加"移到最前"行为和修改事件为"按下时"。

18）这样该任务即全部制作完成，在影片播放时，不仅可以加载外部图像，而且单击位于底下的照片可以将其移到最前，便于欣赏。

7.2.3　知识进阶

1．对象不同，行为的项目也不同

行为可以添加在关键帧、按钮或者影片剪辑元件实例上。由于选择的对象不一样，在打开添加行为下拉菜单时，其命令的内容是根据所选择的对象的不同而不同的。如本任务中，图 7-28 是选择关键帧对象时，可以添加行为的菜单；图 7-34 是选择舞台中影片剪辑实例对象时，可以添加行为的菜单，不难看出二者是不一样的。

2．更改行为的事件类型

有的行为的事件可以更改，有的却不能更改。例如，添加在关键帧上的行为是不具有事件选择项的。如本任务中加载外部图像的功能是添加在关键帧上的（图 7-31），其事件类型是不能更改的，此时单击"无"，其右边不出现按钮。但是添加在按钮和影片剪辑元件实例上的行为则是可以更改的，如在本任务中，单击图像将其顶到最前的行为设置中，就是将事件由默认的"释放时"更改为"按下时"的。具体操作是单击事件，其右边出现一个黑色三角形，再单击该三角形按钮，在下拉菜单中选择更改为合适的事件类型。

7.3　操作进阶：组合应用行为制作互动游戏"下棋"

7.3.1　项目说明

一个对象上可以添加一个行为或者多个行为，常常组合行为可以制作出有趣的效果。本

项目就是在一个对象上组合了多个行为来制作的对弈小游戏，如图 7-37 所示。

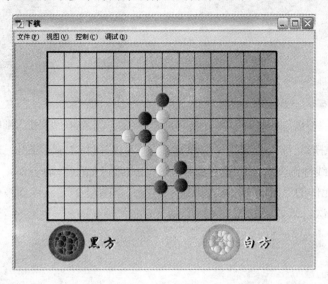

图 7-37 "下棋"效果

7.3.2 操作步骤

1）新建一个"Flash 文件（ActionScript 2.0）"的新文档，设置背景颜色为灰色（#999999），默认尺寸为 550×500 像素。

2）插入一个图形元件，命名为"棋盘"。进入该元件的编辑窗口，使用"矩形工具"和"线条工具"绘制一个棋盘。如图 7-38 所示。

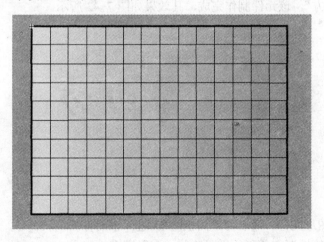

图 7-38 "棋盘"图形元件

3）插入一个影片剪辑元件，命名为"白棋"。进入该元件的编辑窗口，使用"椭圆工具"和渐变色绘制一个白色的围棋子，如图 7-39 所示。

4）插入一个影片剪辑元件，命名为"黑棋"。进入该元件的编辑窗口，使用"椭圆工具"和渐变色绘制一个黑色的围棋子，如图 7-40 所示。

图 7-39 "白棋"影片剪辑元件

图 7-40 "黑棋"影片剪辑元件

5）插入一个图形元件，命名为"白棋罐"。进入该元件的编辑窗口，选择"图层 1"使用"椭形工具"和线性渐变色彩的设置绘制一个白棋罐，如图 7-41 所示。

6）在该图形元件的"图层 1"上方新建一个图层"图层 2"，从库面板中将影片剪辑元件"白棋"拖放若干次，其效果如图 7-42 所示。

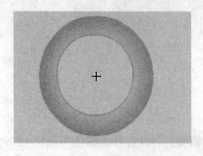

图 7-41 "白棋罐"图形元件

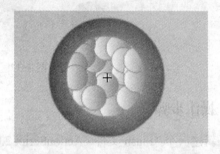

图 7-42 将"白棋"元件拖放到"白棋罐"中

7）在该图形元件的"图层 2"上方新建一个图层"图层 3"，在该图层中，使用"文本工具"输入文字"白方"，该元件制作完成，其效果如图 7-43 所示。

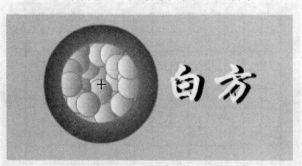

图 7-43 添加文字效果

8）插入一个图形元件，命名为"黑棋罐"。进入该元件的编辑窗口，选择"图层 1"使用"椭圆工具"和线性渐变色彩的设置绘制一个黑棋罐，如图 7-44 所示。

9）在该图形元件的"图层 1"上方新建一个图层"图层 2"，从库面板中将影片剪辑元件"黑棋"拖放若干次，其效果如图 7-45 所示。

10）在该图形元件的"图层 2"上方新建一个图层"图层 3"，在该图层中，使用"文本工具"输入文字"黑方"。该元件制作完成，其效果如图 7-46 所示。

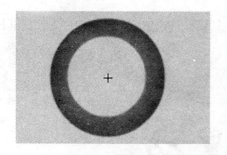

图7-44 "黑棋罐"图形元件

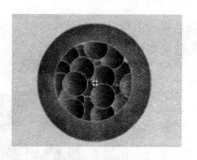

图7-45 将"黑棋"元件拖放到"黑棋罐"中

图7-46 添加文字效果

11）插入一个按钮元件，命名为"白棋按钮"，从库中拖放图形元件"白棋罐"到该按钮元件的"弹起"帧；将"弹起"帧用帧复制分别复制到"指针"帧和"按下"帧。选择"指针"帧，从库中拖放一次影片剪辑元件"白棋"到该帧，调整这个白棋的位置，使其位于罐中。其效果如图7-47所示。

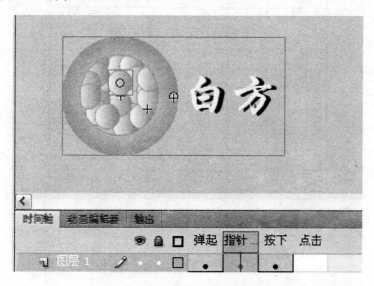

图7-47 按钮元件"白棋按钮"

12）插入一个按钮元件，命名为"黑棋按钮"，从库中拖放图形元件"黑棋罐"到该按钮元件的"弹起"帧；将"弹起"帧用帧复制分别复制到"指针"帧和"按下"帧。选择"指针"帧，从库中拖放一次影片剪辑元件"黑棋"到该帧，调整这个黑棋的位置，使其位于罐中。其效果如图7-48所示。

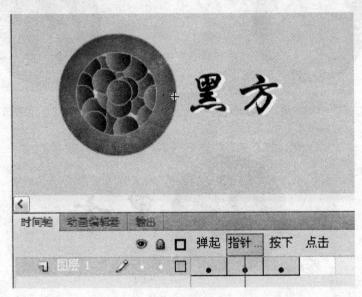

图 7-48　按钮元件"白棋按钮"

13）返回到场景中，将图形元件"棋盘"、按钮元件"黑棋按钮"和"白棋按钮"及影片剪辑元件"白棋"和"黑棋"拖放到舞台中。调整它们的位置，其效果如图7-49所示。

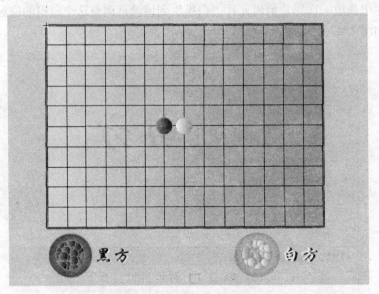

图 7-49　将所需要的元件拖放到舞台中

14）选择舞台中的"黑棋"元件实例，打开其属性面板，在其中命名该实例名称为"black"，如图7-50所示。

15）选择舞台中的"白棋"元件实例，打开其属性面板，在其中命名该实例名称为"white"。

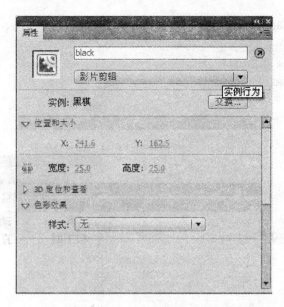

图 7-50 "黑棋"元件实例的属性面板

16）选择舞台中的"白棋按钮"元件实例，打开行为面板，选择其中的"直接复制影片剪辑"命令，从而为"白棋按钮"添加"直接复制影片剪辑"行为，如图 7-51 所示。

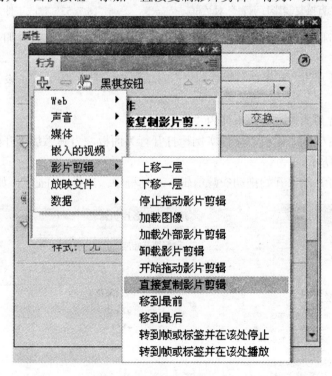

图 7-51　为"白棋按钮"添加"直接复制影片剪辑"行为

17）在接着打开的"直接复制影片剪辑"对话框中，在其中选择"white"，设置"X 偏移"为 0，"Y 偏移"为 50，如图 7-52 所示。

18）打开其行为面板，修改其事件为"按下时"，如图 7-53 所示。

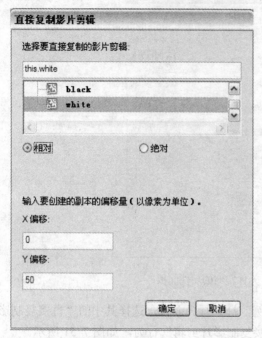

图 7-52 "直接复制影片剪辑"对话框　　　　　图 7-53　修改事件为"按下时"

19）选择舞台中的"黑棋按钮"元件实例，打开行为面板，为其添加"直接复制影片剪辑"行为。

20）在接着打开的"直接复制影片剪辑"对话框中，选择"black"，设置"X 偏移"为 0，"Y 偏移"为 50。

21）打开其行为面板，修改事件为"按下时"。

22）选择舞台中的"黑棋"元件实例，打开行为面板，为其添加"开始拖动影片剪辑"行为，如图 7-54 所示。

23）在接着打开的"开始拖动影片剪辑"对话框中，选择"black"，如图 7-55 所示。

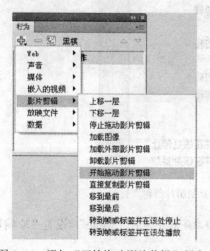

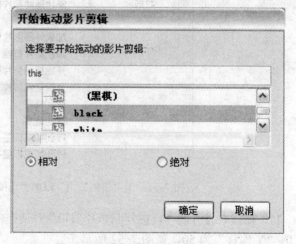

图 7-54　添加"开始拖动影片剪辑"行为　　　　　图 7-55　"开始拖动影片剪辑"对话框

24）打开行为面板，修改其事件为"按下时"。

25）再选择该"黑棋"实例，打开行为面板，为其添加"停止拖动影片剪辑"行为。如图 7-56 所示。

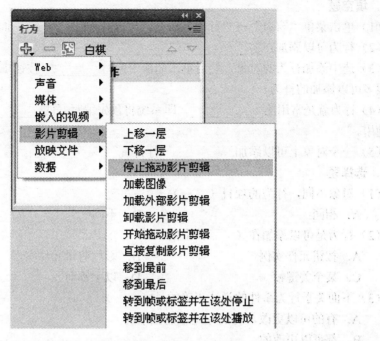

图 7-56　添加"停止拖动影片剪辑"行为

26）默认此时的事件为"释放时"，此时其行为面板如图 7-57 所示。

27）重复步骤 22～步骤 26，用相同的方法为舞台中的"白棋"元件实例添加"开始拖动影片剪辑"和"停止拖动影片剪辑"两件行为。要注意的是在为"白棋"元件实例添加"开始拖动影片剪辑"的对话框中，选择的"white"，如图 7-58 所示。

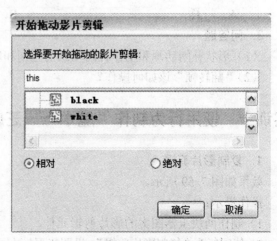

图 7-57　添加了两个行为　　　　　图 7-58　"开始拖动影片剪辑"对话框

28）到这里为止该项目全部制作完成。保存文件，并测试影片。

7.4 习题

1. 填空题

（1）单击菜单"窗口"→"行为"命令，可以打开_____面板。

（2）行为可以添加在_____、_____和_____。

（3）选中添加行为的对象，然后单击面板中的_____按钮✚，在其下拉菜单中，包含很多可以添加的行为。

（4）行为就是常用的_____，即系统将预先编写好的_____封装起来，便于用户使用。

（5）一个对象上可以添加_____行为。

2. 选择题

（1）对象不同，行为的项目（   ）。

   A．相同 　　　　　　　　　　　B．不同

（2）行为是可以添加在（   ）上的。

   A．按钮元件实例 　　　　　　　B．影片剪辑元件实例

   C．某个关键帧 　　　　　　　　D．以上都对

（3）下面关于行为事件的说法正确的是（   ）。

   A．有的可以更改，有的却是不能更改的

   B．都可以更改的

   C．都不能更改的

   D．以上说法都不对

（4）添加在关键帧上的事件类型是（   ）的。

   A．不能更改 　　　　　　　　　B．可以更改的

（5）选择的对象不一样，添加行为的下拉菜单也是（   ）。

   A．一样 　　　　　　　　　　　B．不一样

3. 问答题

（1）形状补间动画和动作补间动画的区别和联系是什么？

（2）"翻转帧"该如何操作？

实训十　使用行为制作"魔术——芝麻开门"

1. 复制影片剪辑

效果如图 7-59 所示。

操作提示：

1）制作两块玉器图案的影片剪辑元件。

2）使用行为"复制影片剪辑"，设置当鼠标在白色的玉器上移开时，复制白色的那块玉器。

3）使用行为"复制影片剪辑"，设置当鼠标单击"芝麻开门"文字按钮时，复制绿色的那块玉器。

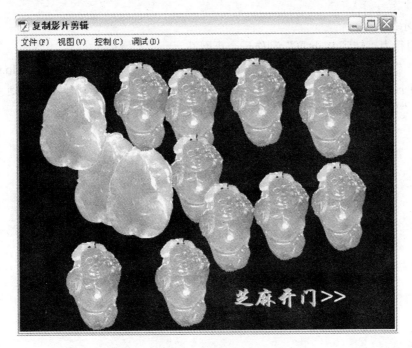

图 7-59 复制影片剪辑制作"芝麻开门"

4）对舞台中的这两个玉器影片剪辑元件实例，使用行为"开始拖动影片剪辑"和"停止拖动影片剪辑"，设置成当按鼠标左键时可以拖动和当释放鼠标时停止的效果。

2. 制作小网站

效果如图 7-60 所示。

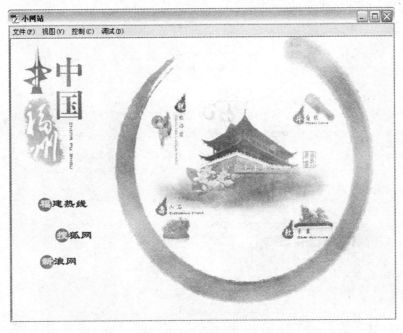

图 7-60 制作小网站

操作提示：

1）使用行为"转到 Web 页"制作一个小网站。

2）单击"福建热线"时，跳转到"福建热线"网站主页"http://www.fj.cninfo.net"；单击"搜狐网"时，跳转到"搜狐网"网站主页"http://www.sohu.com"；单击跳转到"新浪网"时，跳转到"新浪网"主页"http://www.sina.com"。

项目 8 制作 ActionScript 动作脚本的交互式影片

本项目要点

- 时间轴的控制
- 影片剪辑的属性设置
- 影片剪辑的复制与卸载
- 日期与时间函数
- 超链接

ActionScript 是一种功能全面的"面向对象编程"的编程语言，利用 ActionScript 可以控制 Flash 动画播放、响应用户事件以及同 Web 服务器之间交换数据。

要想成为 Flash 高手就必须掌握 ActionScript，打开 Flash 中的动作面板，在 ActionScript 编辑器中，可以对帧、按钮、影片剪辑添加脚本程序。

在 Flash CS4 中，动作面板的默认位置在舞台的下方，可以通过以两种方式打开：

- 菜单方式：单击菜单"窗口"→"动作"命令。
- 快捷方式：按下快捷键〈F9〉。

打开动作面板后，选择某一个按钮、影片剪辑或动画帧就可以使"动作"面板处于激活状态，并且可以显示已有脚本或编写新的脚本，如图 8-1 所示。

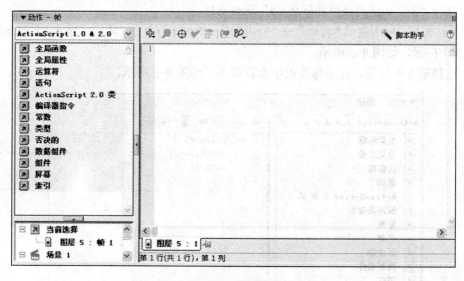

图 8-1 动作面板

打开动作面板后，用户看到面板由两部分组成，左侧部分是动作工具箱，每个动作脚本语言在该工具箱中都有一个对应条目；右侧部分是脚本窗格，这是输入代码的区域。

8.1 任务 1：应用动作脚本制作"动画的播放和停止"

8.1.1 任务说明

本任务是应用 Play()和 Stop()语句控制"甲壳虫"动画的播放，其效果如图 8-2 所示。

图 8-2 "甲壳虫"动画效果

8.1.2 任务步骤

1）打开"8-1 动画的播放和停止.fla"动画文件。

2）新建图层，单击菜单"窗口"→"公用库"→"按钮"命令，从按钮库 playback rounded 中拖入 3 个按钮，如图 8-2 所示。

3）选择第 1 个按钮，在动作面板中设置脚本，如图 8-3 所示。

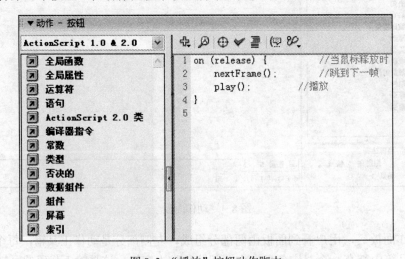

图 8-3 "播放"按钮动作脚本

4）选择第 2 个按钮，在动作面板中设置以下脚本：

```
on (release) {stop();
        //停止播放  }
```

5）选择第 3 个按钮，在动作面板中设置以下脚本：

```
on (release) {
    gotoAndPlay(1);          //跳到第 1 帧并停止}
```

8.1.3 知识进阶

1. 时间轴控制相关动作

时间轴包括场景和帧，在 Flash 动作面板中，选择"将新项目添加到脚本中"→"全局函数"→"时间轴控制"命令，有若干动作菜单可以控制影片中的场景和帧，如图 8-4 所示。

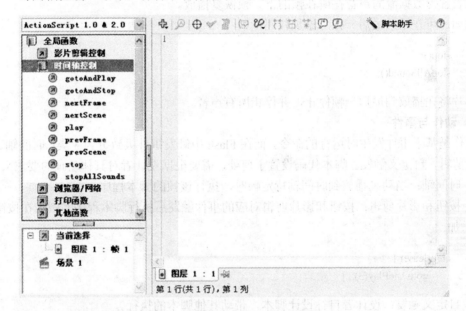

图 8-4 "时间轴控制"动作菜单

（1）Play()和 Stop()

Play()动作控制影片继续播放，Stop()动作控制影片暂停。如果没有控制，一个影片会从第 1 帧顺序地播放到最后一帧，不会停止也不会跳转。用户可以通过 Play()和 Stop()来控制影片播放或停止。

（2）goto 语句

gotoAndPlay()动作是将播放头转到场景中指定的帧并从该帧开始播放，gotoAndStop()动作是将播放头转到场景中指定的帧并暂停播放。它们均可带两个参数：场景和帧。场景是可选参数，帧可以是帧编号数字或帧标签，如要转到"场景 2"的第 20 帧并播放，可用以下代码：

```
gotoAndPlay（"场景 2",20）；
```

goto 语句还可应用于影片剪辑的控制，例如场景中有一个影片剪辑，其实例名称为 line，可通过代码 line.gotoAndStop(2)控制其转到第 2 帧并停止。

（3）nextFrame()、prevFrame()、nextScene()、prevScene()

nextFrame()动作是将播放头跳到当前播放头所在帧的下一帧，prevFrame()动作是将播放头跳到当前播放头所在帧的前一帧，nextScene()动作是将播放头跳到当前播放头所在场景的下一场景，prevScene()动作是将播放头跳到当前播放头所在场景的上一场景。

例如，可给按钮添加程序：

```
on(release){
        nextFrame();}
```

（4）stopAllSounds()

stopAllSounds()动作是在不停止播放头的情况下，停止影片文件中当前正在播放所有声音，但设置为数据流的声音在所在帧的下一帧恢复播放。

例如，可在场景最后一帧上添加代码：

```
stop();
stopAllSound();
```

影片将在播放到最后一帧停止，并停止所有声音。

2．动作与事件

动作是基于事件发生时运行的命令，而在 Flash 中触发事件大致分为 3 类：时间轴、按钮和影片剪辑、自定义触发。脚本代码设置于何处，需要根据设计者对具体动画的要求来决定。

- 时间轴：当动画播放到时间轴特定帧时，执行该帧的脚本程序。
- 按钮和影片剪辑：按钮和影片剪辑对应的事件触发后执行脚本程序。例如在按钮上添加：

```
on(release) {
    gotoAndPlay(3) ; }
```

- 自定义触发：设计者自行设计脚本，带动其他脚本的执行。

动作在添加的时候一定要注意添加到正确的位置，如果不当就会出错。例如，在影片剪辑上添加下面的动作就会出错，因为影片剪辑没有"release"事件：

```
on(release) {
    gotoAndStop(3) ; }
```

on(鼠标事件) { }主要用于事件的处理。当用户对鼠标或键盘进行某种操作时，相应的事件就发生了，鼠标事件参数有如下几个。

- press：在鼠标指针经过按钮并按下鼠标时触发。
- release：在鼠标指针按下按钮以后释放时触发。
- releaseOutside：在鼠标指针按下按钮，将鼠标移到按钮区域以外释放时触发。
- rollover：在鼠标指针滑入按钮区域时触发。
- rollout：在鼠标指针滑出按钮区域时触发。

- drag over：在鼠标指针按下按钮然后滑出按钮区域，再次滑回按钮区域时触发。

- drag out：在鼠标按下按钮然后滑出按钮区域时触发。

- keypress key：按下指定的键时触发，key 参数需要指定键控制代码。

3．应用 Play()和 Stop()动作控制声音的播放

数据流声音与帧时间线相同。Play()和 Stop()可以实现影片剪辑时间轴的控制，因此也可间接控制声音的播放与暂停。

例如新建一个 Flash 文件，导入"素材文件"文件夹中"花图.jpg"作为背景，将"素材"文件夹中"蝴蝶满天飞.mp3"导入到库中，场景中添加一个空影片剪辑"歌曲"，在属性面板设置其实例名为"sound"，选择"歌曲"影片第 1 帧，在属性面板中"声音"下拉列表中选择"蝴蝶满天飞.mp3"，修改"同步"属性为"数据流"，并向后延续帧使音频线完全显示出来，如图 8-5 所示。

图 8-5　声音属性设置

在场景中添加"播放"与"暂停"两个按钮，如图 8-6 所示。

图 8-6　在场景中添加按钮

"播放"按钮上添加程序：

```
on(release) {
    _root.sound.play();}
```

"暂停"按钮上添加程序：

```
on(release) {
```

```
    _root.sound.stop();}
```

测试影片，通过两个按钮就可以控制声音的播放与暂停。

8.2 任务 2：应用动作脚本制作"遥控汽车"

8.2.1 任务说明

Flash 编程最常用的对象是影片剪辑，影片剪辑是库中的一个 Flash 动画元件，它拥有自己的时间轴和各种属性，影片剪辑的控制是 Flash 中重要的组成部分，可以通过设置影片剪辑的属性，以及对其进行复制、拖曳等制作出精彩的动画。

"遥控汽车"的实例效果如图 8-7 所示。

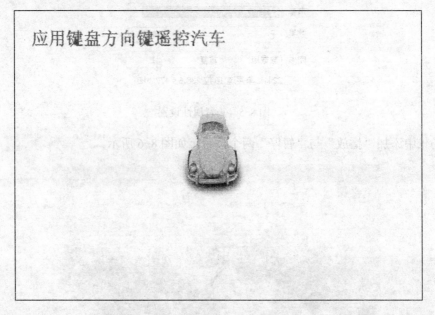

图 8-7 "遥控汽车"效果

8.2.2 任务步骤

1）新建一个 Flash 文档文件，设置尺寸为 550×400 像素，背景颜色默认为白色。

2）导入"素材文件"文件夹中的"car.jpg"到舞台中，将其定义为"影片剪辑"，实例名设置为"car"。

3）选择唯一的帧，打开动作面板，设置以下脚本语言：

```
onClipEvent (enterFrame) {
  if (Key.isDown(Key.DOWN)) {
    this._rotation=0;
    this._y+=2; }
  if (Key.isDown(Key.LEFT)) {
```

```
            this._rotation=90;
            this._x-=2; }
        if (Key.isDown(Key.UP) ) {
            this._rotation=180;
            this._y-=2; }
        if (Key.isDown(Key.RIGHT) ) {
            this._rotation=270;
            this._x+=2; } }
```

8.2.3　知识进阶

1．onClipEvent 事件动作

onClipEvent(影片事件){ }主要是设定影片剪辑实例的动作。

其中常见影片事件有如下几个。

- load：影片剪辑被实例化，出现在时间轴上时触发。
- unload：当时间轴上影片剪辑被删除时，优先触发。
- enterFrame：当影片剪辑存在时间轴上时，以帧频的频率不断触发。
- mouseDown：当影片剪辑存在时间轴上时，鼠标按下左键时触发。
- mouseMove：当影片剪辑存在时间轴上时，鼠标每次移动时触发。
- mouseUp：当影片剪辑存在时间轴上时，鼠标释放左键时触发。
- keyDown：当影片剪辑存在时间轴上时，键盘按下时触发。
- keyUp：当影片剪辑存在时间轴上时，键盘释放时触发。

2．影片剪辑属性设置

（1）常用属性

通过设置影片剪辑的属性，可以控制影片剪辑的位置、大小与透明度等，常用的属性有如下几个。

- "_height"和"_width"：用于设置影片剪辑的高度和宽度，可改变影片剪辑的大小。
- "_x"和"_y"：用于设置影片剪辑的横坐标和纵坐标，可改变影片剪辑的位置。
- "_alpha"：用于设置影片剪辑的透明度。
- "_rotation"：用于设置影片剪辑的旋转角度。
- "_xscale"：用于设置影片剪辑水平方向的缩放比例，如设置为 200，即放大 2 倍。
- "_yscale"：用于设置影片剪辑垂直方向的缩放比例。
- "_visible"：用于设置影片对象是否可见，设置为 1 为可见，设置 0 不可见。

（2）setProperty()与 getProperty()

setProperty()可设置一个影片剪辑的属性，它的参数有 3 个，即 setProperty(目标，属性，值)，如 setProperty("car",_rotation,180)，其功能与 car._rotation=180 相同。

getProperty()是读取一个影片剪辑的属性，它的参数有 2 个，即 getProperty（目标，属性），如 getProperty（"car"，_y)，可获取 y 坐标的值。

3．this 关键字

this 关键字的存在是为了方便引用对象或影片剪辑实例。this 关键字的使用极大地促进了程序的模块化、规范化、从而使程序流程更加清晰，程序可读性大大增强。

4. if 语句

if 语句用来判断所给定的条件是否满足，根据判定的结果（真或假）决定执行给出的两个操作之一。if语句一般用来实现二分支或者三分支，常用的格式有以下 3 种。

（1）if(条件){语句}

如果条件成立，就执行语句；否则，什么也不执行。

例如：

```
if (Key.isDown(Key.LEFT) ) {
        car._rotation=90;
        car._x-=2;}
```

即如果 Key.isDown(Key.LEFT)条件成立（即"左"方向键被按下）时，就执行语句 car._rotation=90;

car._x-=2; 的功能是将 car 实例旋转 90°，x 坐标减 2。

（2）if(条件){语句 1}else{语句 2}

如果条件成立就执行语句 1，否则就执行语句 2。

（3）if(条件 1){语句 1}　else if(条件 2){语句 2}else{语句 3}

如果条件 1 成立，则执行语句 1；否则判断条件 2 是否成立，如果成立则执行语句 2，否则就执行语句 3。

8.3　任务 3：应用动作脚本制作"漫天飞雪"

8.3.1　任务说明

本任务是应用影片剪辑的复制与循环语句来制作"漫天飞雪"动画效果，如图 8-8 所示。

图 8-8　"漫天飞雪"效果

8.3.2　操作步骤

1）新建一个 Flash 新文档，背景色设置为默认，尺寸默认为 640×480 像素。

2）从"素材文件"文件夹中导入"雪景"图片作为背景。

3）创建影片剪辑"snow"，实例名设置为"xuehua"，其为一个圆，大小为 6×6 像素的圆，填充色为白色，笔触为无色，如图 8-9 所示。

图 8-9　影片剪辑"snow"

4）选择舞台中的"xuehua"实例，打开动作面板，选择"xuehua"，添加脚本代码：

```
onClipEvent (enterFrame) {
        this._x += Math.random()*(this._xscale)/20;
        this._y += Math.random()*(this._xscale)/20;
        if (this._x>640) {
            this._x = 0;
        }
        if (this._y>480) {
            this._y = 0;
        }
    }
```

5）选择帧，给帧添加脚本代码，如图 8-10 所示。

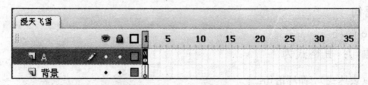

图 8-10　给帧添加脚本代码

添加脚本如下：

```
i = 1;
num = 200;
```

```
        while (i<=num) {
            duplicateMovieClip("xuehua","xuehua"+i, i);
            mc = _root["xuehua"+i];
            mc._x = Math.random()*640;
            mc._y = Math.random()*400;
            mc._alpha = mc._yscale=mc._xscale=Math.random()*60+40;
            i++;
        }
        stop();
```

8.3.3　知识进阶

1．影片剪辑的复制与卸载

（1）duplicateMovieClip()

duplicateMovieClip()是复制一个与目标影片剪辑属性完全相同的新影片剪辑。它有 3 个参数，即 duplicateMovieClip(目标，新名称，深度)。其中"目标"参数是被复制的影片剪辑的实例名，指谁被复制，"新名称"参数是新复制出的影片剪辑实例名称，"深度"参数是新复制出的影片剪辑的层次深度，深度决定了影片剪辑的时候应该如何显示，深度数值大的层能遮挡数值小的，且深度不能重复。duplicateMovieClip("xuehua","xuehua"+i, i);也可写为 xuehua. duplicateMovieClip("xuehua"+i, i);。

（2）removeMovieClip()

removeMovieClip()是卸载一个影片剪辑。它只有一个参数，即 removeMovieClip(目标)，"目标"参数是要删除的影片剪辑的实例名称。

2．影片剪辑的拖曳

startDrag()可控制影片剪辑的拖曳，其可带 6 个参数，即 startDrag(目标，固定，左，上，右，下)。其中后 5 个参数是可选的，不带任何参数也可拖曳，如果要指定拖曳的方式，那么可以指定参数"lock"，它是一个布尔值。如果是"true"，那么拖动影片剪辑的时候，鼠标指针将锁定到影片剪辑的中央位置；如果设置为"flase"，那么鼠标指针将锁定于用户首次单击该影片剪辑的位置上。

左、上、右、下参数分别对应左侧边界、顶部边界、右侧边界和底部边界，限定了对象拖动的范围。不设置这 4 个参数，就可以在整个舞台范围内拖动影片剪辑。

例如：startDrag("kk"，true)也可写成 kk. startDrag(true)。

3．循环语句

（1）while 循环

● while 语句：其格式为

　　while（表达式）{循环语句；}

当表达式为真时，执行 while 语句的内嵌循环语句。

● do…while 语句：其格式为

　　do）{循环语句；
　　}while（表达式）；

先执行循环语句，然后再判断表达式是否为真，保证了循环语句至少执行一次。

（2）for 循环

for 循环的调用格式如下：

```
for（初始化表达式；循环条件；递增表达式）{
循环语句；}
```

如图 8-11 所示动画"下雨"效果中，应用了 for 循环语句。

图 8-11　"下雨"效果图

其操作步骤如下：

1）新建一个 Flash 新文档，导入"素材文件"文件夹中相应背景图片，设置其尺寸为 550×400 像素，创建一个影片剪辑"雨滴"，并命名其实例名为"xiayu"，如图 8-12 所示。

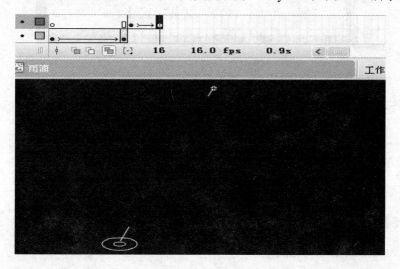

图 8-12　影片剪辑"雨滴"

2）在场景第 1 帧添加以下脚本代码：

```
for(i=1;i<30;i++){
    xiayu.duplicateMovieClip("yu"+i, i);
mc = _root["yu"+i];
mc._x = Math.random()*600+40;
mc._y = Math.random()*300;
mc._alpha = Math.random()*60+40;
}
```

插入第 2 帧并添加代码：

```
stop;
```

4．Math.random()函数

Math.random()函数是产生 0~1 之间的随机小数，Math.random(n)函数是产生一个大于或等于 0，并且小于 n 的随机数。

8.4 任务 4：应用动作脚本制作"电子时钟"

8.4.1 任务说明

本任务主要是应用 Flash 中的日期、时间函数功能完成"电子时钟"动画制作。其效果如图 8-13 所示。

图 8-13 "电子时钟"效果

8.4.2 任务步骤

1）新建一个 Flash 文件，设置尺寸为 300×120 像素，画布颜色为白色。

2）绘制一个边框为蓝色、无填充色的矩形，导入"兔子"图片。

3）新建一图层，绘制 3 个动态文本，其属性面板中变量框分别输入"DATE1"、"WEEK1"、"TIME1"。

4）选择帧，添加动作脚本：

```
_root.onEnterFrame=function(){
    mydate = new Date();
```

```
myyear = mydate.getFullYear();
mymonth = mydate.getMonth()+1;
myday = mydate.getDate();
myhour = mydate.getHours();
myminute = mydate.getMinutes();
mysec = mydate.getSeconds();
myarray = new Array("日", "一", "二", "三", "四", "五", "六");
myweek = myarray[mydate.getDay()];
DATE1=myyear+"年"+mymonth+"月"+myday +"日";
WEEK1="星期"+myweek;
TIME1=myhour +":"+myminute +":"+mysec;}
```

8.4.3 知识进阶

1. Date 构造函数

构造一个新的 Date 对象，该对象将保存指定的日期和时间。

例如：

```
d1 = new Date(); //当前时间
d2 = new Date(2010, 1, 1);  //2010 年 1 月 1 日 0:00:00
d3 = new Date(85, 8, 6, 6, 30, 15, 0);  //1985 年 8 月 6 日 06:30:15
d4 = new Date(-14159025000);  //1969 年 7 月 21 日 02:56:15
```

可选参数如下。

● 年：0～99 之间的值表示 1900 年～1999 年，否则，必须指定表示年份的所有 4 位数字。

● 月： 0（一月）～11（十二月）之间的整数。

● 日：1～31 之间的整数。

● 时： 0（午夜）～23（晚上 11 点）之间的整数。

● 分：0～59 之间的整数。

● 秒：0～59 之间的整数。

● 毫秒： 0～999 之间的整数。

● 时间值（如上例中的-14159025000）：毫秒数，负值表示 GMT 时间 1970 年 1 月 1 日 0:00:00 之前的某个时间，而正值表示该时间之后的某个时间。

2. 时间函数

要使用以下的时间函数，必须要先构造一个新的 Date 对象，即 "Date 构造函数" 所述。为便于说明，假设构造一个新的 Date 对象 my_date = new Date();，和一个动态文本，其变量设置为 rqxs。

（1）年份函数

```
rqxs=my_date.getFullYear();
```

按照本地时间动态文本显示指定的 Date 对象中的完整年份值（一个 4 位数，如 2000）。

（2）月份函数

    rqxs=my_date.getMonth();

按照本地时间动态文本显示指定的 Date 对象中的月份值（0 代表一月，1 代表二月，依此类推）。

（3）日函数

    rqxs=my_date.getDate();

按照本地时间动态文本显示指定的 Date 对象中表示月中某天的值（1～31 之间的整数）。

（4）星期函数

    rqxs=my_date.getDay();

按照本地时间动态文本显示指定的 Date 对象中表示周几的值（0 代表星期日，1 代表星期一，依此类推）。

（5）小时函数

    rqxs=my_date.getHours();

按照本地时间动态文本显示指定的 Date 对象中的小时值（0～23 之间的整数）。

（6）分钟函数

    rqxs=my_date.getMinutes();

按照本地时间动态文本显示指定的 Date 对象中的分钟值（0～59 之间的整数）。

（7）秒钟函数

    rqxs=my_date.getSeconds();

按照本地时间动态文本显示指定的 Date 对象中的秒钟值（0～59 之间的整数）。

（8）毫秒函数

    rqxs=my_date.getMilliseconds();

按照本地时间动态文本显示指定的 Date 对象中的毫秒数（0～999 之间的整数）。

（9）时间值函数

    rqxs=my_date.getTime();

按照本地时间动态文本显示指定的 Date 对象自 1970 年 1 月 1 日午夜（通用时间）以来的毫秒数。当比较两个或更多个 Date 对象时，使用此方法表示某一特定时刻。

3．ActionScript 中的数据类型

ActionScript 中的数据类型可以分为以下几种。

（1）字符串型

字符串是字符组成的序列。在 ActionScript 中，字符串是放在单引号或双引号内的若干字符，长度为 0 的字符串是空字符串，可以使用"+"运算符连接合并两个字符串。

例如：

```
x=12;
y=3;
S="jek"+x+y;
```

则 S 字符串最后的值为：jek123。

（2）数值型

数值型即双精度浮点数，用于算术运算。

（3）布尔型

布尔数据类型指真与假，一般情况下非 0 为真，0 为假。

（4）对象

可以使用 new 声明一个对象类型，例如：

```
j=new Date()
```

即声明变量为一个时间对象。

（5）影片剪辑

影片剪辑是 Flash 中重要的元件类型之一。

（6）空值

空值只有一个值 null，即定义了数据类型，但缺少数据。

（7）未定义值

未定义的数据类型是一个值，即 underfined。

8.5 任务 5：应用动作脚本制作"超级链接"

8.5.1 任务说明

应用 Flash 中的超链接功能可以实现与 web 页面建立超级链接，本任务主要是应用超链接功能完成"超级链接"动画制作，其效果如图 8-14 所示。

图 8-14 "超级链接"效果

8.5.2 任务步骤

1）新建一个 Flash 文件，设置其为尺寸 600×130 像素，画布颜色为白色。

2）创建 4 个如图 8-14 按钮："新华网"、"人民网"、"新浪网"、"淘宝网"，分别给按钮添加脚本语句如下。

- "新华网"：on (press) {getURL("http://www.xinhuanet.com");}
- "人民网"：on (press) {getURL("http://www.people.com");}
- "新浪网"：on (press) {getURL("http://www.sina.com");}
- "淘宝网"：on (press) {getURL("http://www.taobao.com");}

3）输入文本 kelet.163.com，并转换为按钮，添加脚本：

> on (release) {getURL("mailto:kelet@163.com");}

8.5.3 知识进阶

1．getURL()

getURL()动作的作用是与 Web 页面建立超级链接，这个链接可以是超文本链接、FTP 链接、CGI 链接或 Flash 影片链接等。

getURL()动作有 3 个参数，其调用格式为 getURL（url,窗口,方法）。

其中，url 参数指定链接文件的 URL 地址；"窗口"参数设置链接文件在窗口中的打开方式，该参数有如下 4 种方式。

- _self：在当前窗口打开链接。
- _blank：在新窗口中打开。
- _parent：在当前窗口的上一级窗口中打开。
- _top：在当前窗口的顶部窗口打开。

"方法"参数设置变量的传送方式。GET 方法将变量追回到 URL 的尾部，适用于少量的变量；POST 发送是把变量放在单独的 HTTP 标头里传送，适用于大量的变量。

2．fscommand()动作

fscommand()提供了 Flash 影片内部和播放器外部联系的各种方法。

fscommand()有两个参数，其调用格式为 fscommand（命令，参数），其中，"命令"指定播放设置，"参数"为选择的命令设置参数值。

- fscommand(quit)：关闭播放器。
- fscommand(fullscreen，true 或 false)：设置是否全屏运行播放器。
- fscommand(allowscale，true 或 false)：设置 swf 文件播放图像比例是否保持 100%。
- fscommand(showmenu，true 或 false)：设置是否显示播放器菜单。
- fscommand(exec，应用程序路径)：调用外部可执行程序。
- fscommand(trapallkeys，true 或 false)：设置是否将所有按键事件发送到 onClipEvent (keyDown/keyUp)()处理函数。

3．loadMovie()、loadMovieNum()与 unloadMovie()、unloadMovieNum()

（1）loadMovie()与 loadMovieNum()

这两个动作均能将外部的 SWF 文件载入到指定的影片中进行播放，并可以实现几个影片间的切换播放。调用格式如下：

loadMovie(url，目标，方法)

loadMovieNum(url，级别，方法)

其中，url 参数是指被载入的影片或图片的 URL 地址；"目标"参数是指将要被载入影片或图片替换的剪辑；"级别"参数是指 Flash 播放器中播放的播放级别，0 级为场景替换，即载入影片完全替换现有影片，其他为深度替换，即载入影片在现有影片上面。"方法"参数是指发送变量所使用的 HTTP 方法。

loadMovie()与 loadMovieNum()动作的相同之处是都能够载入一个 SWF 或 JPEG 文件，到当前正在播放的影片位置，并拥有原影片的已改变属性。loadMovie()与 loadMovieNum()动作的区别是前者载入到影片剪辑里面，后者载入到场景中。前者场景中可以有多个影片剪辑，后者载入级别控制，0 级可以替换原有影片。

（2）unloadMovie ()与 unloadMovieNum()

这两个动作是分别删除 loadMovie()与 loadMovieNum()载入的影片。调用格式如下：

unloadMovie(目标)

unloadMovieNum(级别)

例如新建一个 Flash 文件，创建两个按钮和一个空影片剪辑，影片剪辑的实例名为"yingpian"，放在（0,0）位置，如图 8-15 所示。

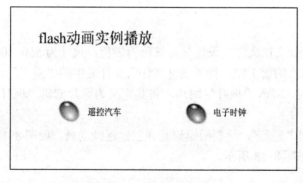

图 8-15　影片播放实例

分别给按钮添加代码：

```
on(release){
_root.yingpian.loadMovie("遥控汽车.swf")}
on(release){
_root.yingpian.loadMovie("电子时钟.swf")}
```

8.6　操作进阶：综合案例"夏韵"的制作

8.6.1　项目说明

本任务主要综合应用 Flash 中 ActionScript 动作脚本制作交互式影片"夏韵"，其效果如图 8-16 所示。

图 8-16 "夏韵"效果

8.6.2 制作步骤

1）新建一个 Flash 文档文件，设置其背景色为黑色，尺寸为 550×400 像素。

2）选择"图层 1"的第 1 帧，将"素材文件"文件夹中的"夏天"图片导入到舞台中。

3）新建一个图层，导入"枫叶"图片，将其定义为影片剪辑"枫叶"，并将其实例命名为"fengye"。

4）创建影片剪辑"翅膀"，绘制蜻蜓翅膀并创建逐帧动画，如图 8-17 所示。创建图形元件"蜻蜓的身体"，如图 8-18 所示。

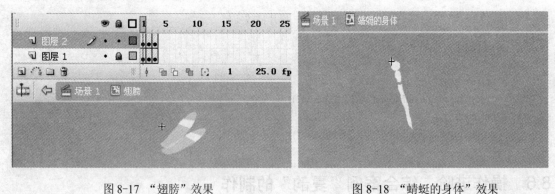

图 8-17 "翅膀"效果　　　　　　　　图 8-18 "蜻蜓的身体"效果

5）创建影片剪辑"蜻蜓"，拖入"翅膀"和"蜻蜓的身体"，如图 8-19 所示。

6）创建影片剪辑"飞舞的蜻蜓"，应用引导层引导蜻蜓的运动路径，并改变蜻蜓的透明度，如图 8-20 所示，在最后一帧添加代码：

```
removeMovieClip(this);
```

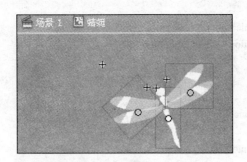

图 8-19　"蜻蜓"效果

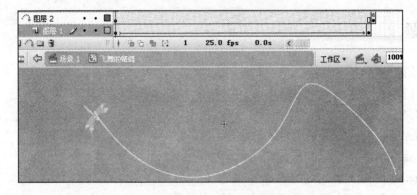

图 8-20　"飞舞的蜻蜓"效果

7）打开库，修改"飞舞的蜻蜓"的链接属性，如图 8-21 所示。

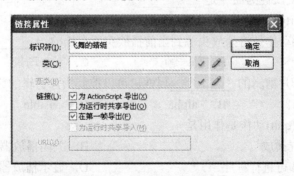

图 8-21　"飞舞的蜻蜓"链接属性

8）在场景的第 1 帧添加代码：

```
i = 10;
fenye.onPress = function() {
    this.startDrag(true);
    this.onEnterFrame = function() {
        attachMovie("飞舞的蜻蜓", "fly"+i, i);
        mc = _root["fly"+i];
        mc._x = _xmouse;
        mc._y = _ymouse;
        n = Math.random()*50+50;
```

```
                mc._xscale = mc._yscale=mc._alpha=n;
                mc._rotation = Math.random()*360;
                i++;
            };
        };
        fenye.onRelease = function() {
            stopDrag();
            delete this.onEnterFrame;
        };
```

8.7 习题

1. 填空题

（1）打开动作面板的快捷键是_____。

（2）对象是 ActionScript 新增类型，可以使用_____声明一个对象类型。

（3）duplicateMovieClip()所带的参数有_____、_____、和_____。

（4）loadMovie()与 loadMovieNum()动作的区别是_____。

（5）getURL()动作作用是与 Web 页面建立_____。

（6）onClipEvent()主要是设定_____的动作。

2. 选择题

（1）Flash 中设置属性的命令是_____。

    A. getProperty   B. setProperty   C. getURL   D. 三个都不能用

（2）nextFrame()动作是将播放头跳到当前播放头所在帧的_____。

    A. 下一帧   B. 前一帧   C. 下一场景   D. 上一场景

（3）通过设置影片剪辑的_____属性，可以控制影片剪辑的旋转角度。

    A. _rotation   B. _alpha   C. _visible   D. _x

（4）fscommand(quit)动作是作用是_____。

    A. 清除全屏播放   B. 关闭播放器

    C. 调用外部可执行程序   D. 显示播放器菜单

（5）以下不能添加动作脚本的是_____。

    A. 帧   B. 影片剪辑   C. 图形   D. 按钮

3. 问答题

（1）判断类语句有几种？主要作用是什么？

（2）循环类语句分为几类？主要功能是什么？可以产生什么样的效果？

实训十一　应用 ActionScript 动作脚本制作交互式影片

一、实训目的

1. 使用动作面板。

2. 使用动作脚本编写制作交互影片。

二、实训内容

1. 变幻曲线，效果如图 8-22 所示。

图 8-22 "变幻曲线"效果图

操作提示：

1）应用补间动画创建影片剪辑"一根不断变化位置与颜色的曲线"。

2）复制曲线，并应用条件语句控制曲线的个数。

2. 放飞气球，效果如图 8-23 所示。

图 8-23 "放飞气球"效果图

操作提示：

1）创建影片剪辑"一个向上腾空的气球"。

2）当在场景中按下鼠标时（_root.onMouseDown）复制影片剪辑。

项目 9 作品的发布与导出

本项目要点

- 测试影片
- 发布 Flash 动画影片
- 导出 Flash 动画影片

Flash 的源文件的类型是 FLA，该类型的文件只能在 Flash 应用程序中打开和编辑。而 Flash 的影片制作完成后，需要根据其应用的领域生成脱离 Flash 环境运行的文件。因此，可以利用 Flash 软件的发布功能或者导出功能，将影片发布或输出为所需要的动画、图像、视频、音频等格式的文件，也可以使用打印机将 Flash 影片中的某些场景或帧打印出来。

9.1 任务 1：将案例 "茶文化" 通过影片测试自动发布为 Flash 动画影片文件

在 Flash 影片制作过程中，可以在测试影片或者测试场景操作中，自动发布一个与主文件名同名、但文件类型为 SWF 的动画影片文件。该操作在前面很多任务的制作过程中均有使用。

9.1.1 任务说明

本任务通过 "测试影片" 操作，将制作好的文件发布为一个 SWF 的影片文件，其效果如图 9-1 所示。

图 9-1 "测试影片" 生成的播放文件

9.1.2　任务步骤

1）在 Flash 中使用遮罩技巧制作好一个动画文件"茶文化"。如图 9-2 所示。

图 9-2　制作完成的"茶文化"文件

2）单击菜单"控制"→"测试影片"命令，如图 9-3 所示，即出现如图 9-4 所示的"导出 SWF 影片"的提示框。

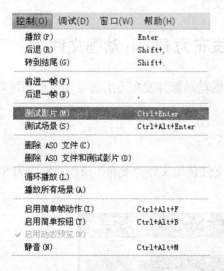

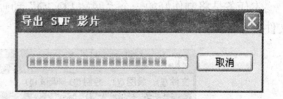

图 9-3　选择菜单"测试影片"　　　　　　　图 9-4　导出 SWF 影片的提示框

3）如果影片的代码没有错误，则在影片导出结束之后，自动出现 Flash 播放窗口播放该影片。而且此时在 FLA 源文件存放的文件位置，自动出现一个同名的、但扩展名为 SWF 的影片文件，如图 9-5 所示。

图 9-5 测试文件后自动生成的影片文件

9.1.3 知识进阶

单击菜单"控制"→"测试场景"命令也能和"测试影片"一样，在检查影片运行情况的同时，自动生成 SWF 播放文件。但是，"测试影片"命令是测试和播放整个动画，而"测试场景"命令只是测试和播放当前编辑的场景。当影片由多个场景组成时，可以选择要测试的场景，然后选择菜单"控制"→"测试场景"仅对该场景测试，然后在相同的文件位置上生成一个以"源文件名_场景名"命名的 SWF 影片文件。

9.2 任务 2：将案例"网站 LOGO"发布为 Flash 动画文件

在 Flash 中，用户可以使用发布命令，将所制作的动画影片发布为所需要的图形和视频文件类型。

9.2.1 任务说明

本任务是将制作好的一个"网站 LOGO"动画文件使用文件"发布"操作，输出为 SWF 文件类型，其效果如图 9-6 所示。

图 9-6 发布操作生成的影片文件"网站 LOGO"

9.2.2 任务步骤

1）在 Flash 中打开已制作好的"网站 LOGO"文档，如图 9-7 所示。

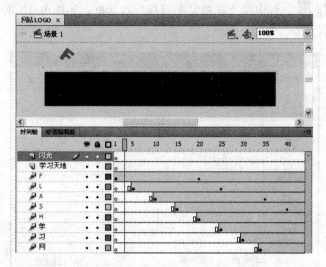

图 9-7 打开已制作完成的文件"网站 LOGO"

2）单击菜单"文件"→"发布设置"命令，打开"发布设置"对话框，如图 9-8 所示。在该对话框中，默认的发布格式为.swf 和.html 文件类型，它由"格式"、"Flash"和"HTML" 3 个选项卡组成。如果此时只需将文件发布为.swf 类型的文件，而不需要发布为.html 类型的文件，则可以将"格式"选项卡"类型"中的"HTML"勾选项去掉，这样该对话框中的选项卡只有"格式"和"Flash"两个了，如图 9-9 所示。

图 9-8 "发布设置"对话框

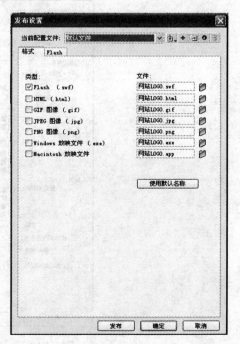

图 9-9 "发布设置"对话框只选择"Flash"项

215

3）在"格式"选项卡中，如发布后的影片文件与源文件同名，可以不用更改。但是，如果要重命名文件，可以在其中"文件"选项区中的文本框中输入新文件名。

4）一般情况下，发布的文件将保存在与源文件相同的文件夹中，如果要更改保存的位置，可以单击其后的按钮 ，将出现"选择发布目标"对话框，如图 9-10 所示，可以在其中指定发布文件的保存位置。

图 9-10 "选择发布目标"对话框

5）单击"Flash"选项卡将其打开，如图 9-11 所示。在该选项卡中，可以进一步设置 Flash 发布设置选项。

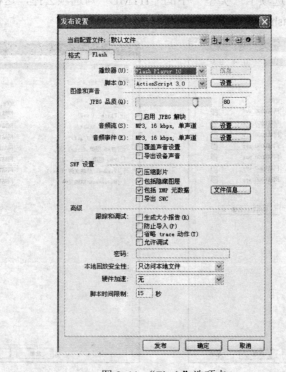

图 9-11 "Flash"选项卡

216

在该选项卡中，各选项的具体含义如下。

- "播放器"下拉列表：在该列表中可以选择播放器 Flash Player 的版本。如果选择其中的"Flash Lite"选项，则其后的"信息"按钮即可使用。此时，可以单击该按钮，打开"自定义播放器信息"对话框，如图 9-12 所示，在其中显示了播放器的相关信息。
- "脚本"下拉列表：可以选择动作脚本语言的版本。如果在其中选择"ActionScript 2.0"或者"ActionScript 3.0"，则其后的"设置"按钮可用。如选择"ActionScript 2.0"，则可以单击"设置"按钮，打开"ActionScript 2.0 设置"对话框，如图 9-13 所示。

图 9-12 "自定义播放器信息"对话框

图 9-13 "ActionScript 2.0 设置"对话框

- "JPEG 品质"选项：可以设置影片中包含的位图图像应用 JPEG 文件的质量。可以在其右侧的文本框中输入数值或者拖动滑块设置位图的压缩比。该数值越大，压缩率越小，图像越接近原图，生成的文件就越大；该数值越小，压缩率越小，图像质量越差，生成的文件就越小。要使高度压缩的 JPEG 图像显得更加平滑，可以选中"启用 JPEG 解决"选项来减少由压缩导致的失真。
- "音频流"和"音频事件"选项：单击其后的"设置"按钮，可以为影片中的声音流或者事件声音设置采样率和压缩，如图 9-14 所示。

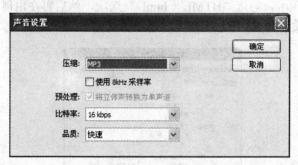

图 9-14 "声音设置"对话框

- "覆盖声音设置"选项：选中该项可以对声音进行优化。可以创建一个较小的低保真版本的 SWF 文件。
- "导出设备声音"选项：可以导出适合于设备的声音而不是原始声音。
- "SWF 设置"选项组：其中若选中"压缩影片"，可以压缩 SWF 文件以减小文件大小和缩短下载时间；若选中"包括隐藏图层"，可以导出 Flash 文档中所有隐藏的图层；

若选中"包括 XMP 元数据"可以在"文件信息"对话框中导出输入的所有元数据；若选中"导出 SWC"选项，将导出一个 SWC 文件，该文件用于分发组件。SWC 文件包含一个编译剪辑、组件的 Actionscript 类文件，以及描述组件的其他文件。

- "跟踪和调试"选项组：该选项组主要用于进行高级设置，或者启用对已发布的 SWF 文件的调试操作。若选中"生成大小报告"，可以生成一个报告，在该报告中按文件列出最终 Flash 内容中的数据量；若选中"防止导入"，可以防止他人导入 SWF 文件并将其转换回 FLA 文档；若选中"省略 trace 动作"，可以使 Flash 忽略当前 SWF 文件中的 Actionscript trace 语句，使 trace 语句的信息不会显示在"输出"面板中；若选中"允许调试"，将激活调试器并允许远程调试 SWF 文件。
- "密码"：如果使用 Actionscript 2.0，而且选中了"允许调试"和"防止导入"选项，则可以在"密码"框中输入一个密码。设置密码以后，必须输入密码才能调试或者导入 SWF 文件。
- "本地回放安全性"下拉列表：可以选择要使用的 Flash 安全模型。
- "硬件加速"下拉列表：用于选择硬件加速方式。
- "脚本时间限制"：用于设置脚本在 SWF 文件中执行时可占用的最大时间量。

6）在这些参数都设置完成后，可以单击对话框下方的"发布"按钮，将该文件发布为指定位置、指命名称的 SWF 影片文件。也可以单击菜单"文件"→"发布"命令，其结果是相同的。

9.2.3　知识进阶

1．发布为 HTML 网页

SWF 类型的文件，常常要将其与 HTML 结合，才能上传到网络服务器上。而且，如果要使用 Flash 开发一个网站，则就需要将制作好的 Flash 文档发布为 HTML 类型的文件。例如项目 7 中的"福州导航小网站"案例的制作，就是如此。具体操作是打开"发布设置"对话框，在其中的"格式"选项卡，勾选"HTML（.html）"选项，然后再在出现的"HTML"选项卡中设置有关的参数，如图 9-15 所示。其主要选项含义如下。

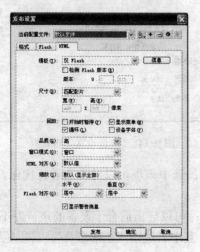

图 9-15　"HTML"选项卡

- "模板"下拉列表：设置影片的模板，其默认的选项的"仅限 Flash"。单击其后的"信息"按钮，可以打开选定的模板的相关信息。如图 9-16 所示。

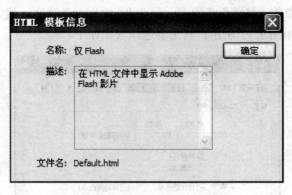

图 9-16 "HTML 模板信息"对话框

- "尺寸"下拉列表：用于设置发布影片的宽度和高度。若选择"匹配影片"，将上面设置的宽度和高度值设置为动画原始尺寸，该项为默认设置；若选择"像素"或者"百分比"，则可以在"宽"和"高"文本框中输入数值，以像素或者以百分比设置影片的尺寸。
- "回放"选项组：若选择"开始时暂停"，可以使动画一直处于停止状态，只有用户启用它时进行播放，默认该项是处于取消选中状态；若选择"循环"，会使 Flash 动画播放结束后再从头开始播放；若选择"显示菜单"，在浏览器窗口中单击鼠标右键时显示一个快捷菜单；若选择"设备字体"可以将设置字体的参数值设置为"True"，用消除锯齿的系统字体替换用户系统尚未安装的字体。
- "品质"下拉列表：设置 HTML 网页的外观。"低"基本不考虑外观，主要考虑回放速度；"自动降低"用于使影片在播放时自动关闭保真效果；"自动升高"同等强调回放速度和外观，使影片一直打开保真效果；"中等"应用消除锯齿功能，但并不平滑位图；"高"主要考虑外观，始终使用消除锯齿功能；"最佳"提供最佳的显示品质，而不考虑回放速度。
- "窗口模式"下拉列表：可以设置对象标记中的窗口模式参数值。该列表包含 3 个选项。若选择"窗口"，可以将窗口模式参数值赋给窗口参数，并在网页上的矩形窗口中播放动画；若选择"不透明无窗口"，可以将窗口模式参数设置为透明，使 Flash 动画后面的对象移动，并不会在穿过动画时显示出来；若选择"透明无窗口"，可以将窗口模式参数设置为透明，使嵌入 Flash 动画的 HTML 网页的背景从动画中透明的区域显示出来。
- "HTML 对齐"下拉列表：可以选择影片窗口在浏览器窗口的定位方式。该列表共有 5 个选项，分别为默认、左对齐、右对齐、上对齐和下对齐。
- "缩放"下拉列表：可以设置影片在指定宽度和高度边界中的放置方式。该列表包含 4 个选项，分别为默认、无边框、精确匹配和无缩放。
- "Flash 对齐"下拉列表：可以设置影片"水平"和"垂直"方向的对齐方式。

2. 发布为 GIF 图像文件

用户可以将制作完成的 Flash 文件发布为 GIF 图像或者 GIF 动画。该操作是打开"发布设置"对话框，在其中的"格式"选项卡，勾选"GIF 图像"选项；然后再在"GIF"选项卡中设置有关的参数，如图 9-17 所示。其主要选项含义如下。

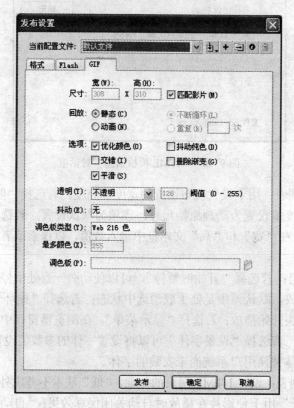

图 9-17 "GIF" 选项卡

● "尺寸"文本框：该项可以设置导出的位图图像的宽度和高度值。若选中"匹配影片"选项，可以使 GIF 图像或 GIF 动画和影片文件大小相同，并保持原始图像的高宽比。

● "回放"选项组：该选项可以设置 Flash 创建的是图像还是 GIF 动画。若选中"静态"选项，则所导出的图像将是一个静态的位图；若选中"动画"选项，则可以将所导出的图形设置为动态。在选中"动画"之后，还可将动画设置为"不断循环"或者"重复"。

● "选项"选项组：该选项可以设置导出的 GIF 文件外观。若选中"优化颜色"，可以从 GIF 文件的颜色表中删除未使用的颜色，从而减小文件的大小；若选中"交错"，可以在下载 GIF 文件时，会浏览器中逐步显示该文件；若选中"平滑"，可以消除导出位图的锯齿，从而生成较高品质的位图图像；若中"抖动纯色"，可以抖动纯色和渐变色；若选中"删除渐变"，可以使用渐变色中的第 1 种颜色将 SWF 文件中的所有渐变填充转换为纯色，默认情况下处于关闭状态。

● "透明"下拉列表：可以设置应用程序背景的透明度。该列表包含 3 个选项："不透明"、"透明"和"Alpha"。若选中"不透明"，可以使影片的背景不透明；若选中"透明"，可以使影片的背景透明；若选中"Alpha"，可以设置局部透明度。

- ●"抖动"下拉列表：可以设置如何组合可用颜色的像素，以模拟当前调色板中不可用的颜色。其可以改善颜色品质，但也会增加文件的大小。该列表包含3个选项："无"、"有序"和"扩散"。若选中"无"，则关闭抖动，并用基本颜色表中最接近指定颜色的纯色来替代该表中没有的颜色；若选中"有序"，则提供高品质的抖动，同时文件大小的增长幅度也最小；若选中"扩散"，则提供最佳品质的抖动，但会增加文件大小并延长处理时间。
- ●"调色板类型"下拉列表：可以设置调色板的类型。该列表项包含4个选项："Web 216色"、"最适色彩"、"接近Web最适色"和"自定义"。若选中"Web 216色"，可以使用标准216色Web安全调色板来创建GIF图像，可以获得较好的图像品质，并且该色彩在服务器上的处理速度最快；若选中"最合适"，会自动分析图像中的颜色，并为选定的GIF文件创建一个唯一颜色表；若选中"接近Web最适色"，会自动将接近的颜色转换为"Web 216色"调色板；若选择"自定义"，可以指定已针对选定图像优化的调色板。
- ●"最多颜色"选项：当在前面选择了"最适色彩"或"接近Web最适色"调色板时，可以在此设置GIF图像中使用的颜色数量。

当发布GIF图像时，是发布为静态的GIF位图图像，而且此时发布的图像内容与时间轴面板中播放头的位置有关，也就是在时间轴面板中将播放头所在当前帧发布为图像。

3．发布为JPEG图像文件

JPEG格式是一种高效的压缩图像文件格式。发布为该格式文件，是把图形存储为高压缩比的24位颜色的位图，其方法与发布为静态的GIF文件一样。在时间轴面板中将播放头放置在要发布的某一帧上，然后进行发布，即可以将该帧发布为JPEG图像。操作是先在"发布设置"对话框的"格式"选项卡中选择"JPEG"复选项，再在出现的如图9-18所示的"JPEG"选项卡中进行相应的参数设置。下面是发布为"JPEG"选项卡的主要设置选项。

- ●"品质"选项：可以用来控制生成的JPEG格式文件的压缩比，当该值较小时，压缩比较大，发布生成的文件较小，图像质量较低；而当该值较大时，压缩比较小，发布生成的文件较大，图像的质量也越高。
- ●"匹配影片"选项：用于设置发布生成的JPEG图像是否与影片大小相同。如果取消选择"匹配影片"选项，则可以在"尺寸"的"宽"、"高"输入框中设置导出的JPEG位图图像的大小。
- ●"渐进"选项：选中该项，将对输出的图像进行渐进处理，可以进行渐进显示，类似于发布GIF图像中的的交错选项。

4．发布为PNG图像文件

PNG图像格式是一种可携式网络图像格式，也是唯一支持透明度（Alpha通道）的跨平台位图图像格式，也称为数据流图像，它是Fireworks应用软件默认的图像文件格式。发布为该格式文件的方法同前几种的图像发布一样，可以在时间轴面板中将播放头移动到要发布的帧上，即可以将该帧的内容发布为PNG图像。其操作是先在"发布设置"对话框的"格式"选项卡中选择"PNG"复选框，然后再在自动出现的如图9-19所示的"PNG"选项卡中进行相关参数设置即可。

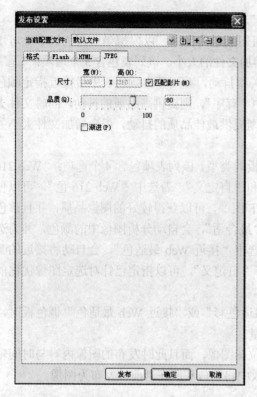

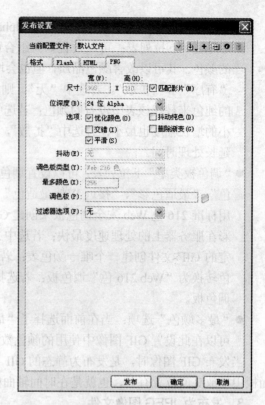

图 9-18 "JPEG"选项卡　　　　　　　　　图 9-19 "PNG"选项卡

"PNG"选项卡中，"匹配影片"选项、"选项"组、"抖动"选项等均与"GIF"选项卡中的选项相同，这里就不再重复介绍，下面介绍其他主要的设置选项。

- "位深度"下拉列表：用于设置导出图像的每一像素所使用的位数，图像的位数取决于图像中的颜色数。
- "过滤器选项"下拉列表：用于选择 PNG 文件格式的过滤方法。为了使图像压缩效果更好，在压缩前一般要对图像进行过滤。选择其中的"无"选项，将关闭过滤功能，表示不进行过滤；选择"下"选项，将记录每个字节和前一像素相应字节的值之间的差别；选择"上"选项，将记录每个字节和它上面相邻像素相应字节的值之间的差别；选择"平均"选项，将使用两个相邻像素所对应字节的平均值来判定该像素的值；选择"线性函数"选项，将 3 个相邻像素对应的字节值进行的简单线性函数计算，然后根据函数值来判定该像素的对应值；选择"最合适"选项，将自动分析图像中的颜色，并为所选 PNG 文件创建一个唯一的颜色表。

5. 发布为 Windows 放映文件

在"发布设置"对话框的"格式"选项卡选中"Windows 放映文件（.exe）"复选框，再单击"发布"按钮，在发布时将生成一个.EXE 格式的放映文件，该文件不需要任何播放器支持就能放映动画。

在"发布设置"对话框的"格式"选项卡中，选中"Macintosh 放映文件"复选框，可以发布一个适合 Mac 操作系统播放的动画文件。

9.3 任务 3：将案例"QQ 表情"导出为 GIF 动画文件

使用"发布"功能，可以将 Flash 文档输出为影片文件或者图像文件。此外，也可以使用"导出"功能来输出更多类型的图像文件或影片文件。其具体操作是执行菜单命令"导出图像"或者"导出影片"来完成。

9.3.1 任务说明

本任务是将制作好的一个"QQ 表情"发布为 GIF 动画类型，然后就可以将该 GIF 动画文件发送给 QQ 聊天好友了。其效果如图 9-20 所示。

图 9-20 "QQ 表情"效果图

9.3.2 任务步骤

1）在 Flash 中打开已制作好的"QQ 表情"文档，如图 9-21 所示。

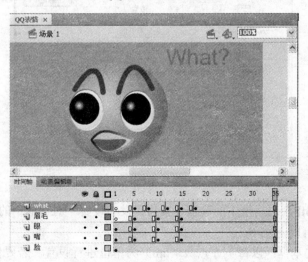

图 9-21 将"QQ 表情"文件打开

2）单击菜单"文件"→"导出"→"导出影片"命令，打开"导出影片"对话框，在"文件名"文本框中输入要命名的文件名称，在"保存类型"下拉列表中选择"动画 GIF（*.gif）"选项，然后单击"保存"按钮，如图 9-22 所示。

图 9-22　"导出影片"对话框

3）接着出现"导出 GIF"对话框，如图 9-23 所示。

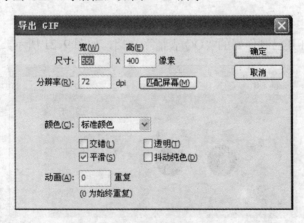

图 9-23　"导出 GIF"对话框

4）在"导出 GIF"对话框中的选项设置与"发布设置"对话框中的"GIF"选项卡中的基本相同。不同的有以下几项。

● "分辨率"文本框：以每英寸点数（dpi）为单位进行设置。若要使用屏幕分辨率，可输入一个分辨率值或单击"匹配屏幕"按钮。

● "颜色"下拉列表：用于创建导出图像的颜色数量，可以选择黑白、4、6、16、32、

224

64、128、256 色或标准色（标准 Web 216 色调色板）。

● "动画"文本框：可以在其中输入重复次数，0 表示无限次重复。

5）在该对话框中均默认该对话框的设置，直接单击"确定"按钮即可完成将该文件导出为 GIF 动画类型的文件了，如图 9-24 所示。

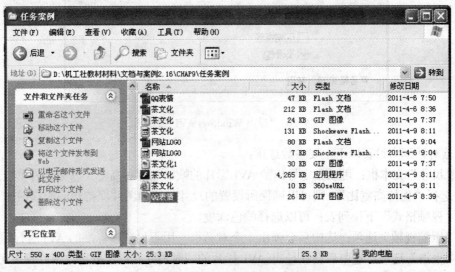

图 9-24 将文件导出为 GIF 类型的文件

9.3.3 知识进阶

1. 导出影片文件

可以在出现的"导出影片"对话框中"保存类型"下拉列表中选择要导出的文件格式，从而将整个文档导出为所需要的各种影片文件或者序列文件，如图 9-25 所示。

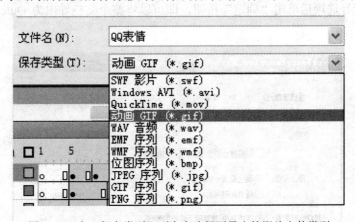

图 9-25 在"保存类型"列表中选择要导出的影片文件类型

（1）导出 Windows AVI

Windows AVI 是标准的 Windows 影片格式。因为 AVI 是基于位图的格式，所以如果动画影片的时间较长或者影片的分辨率较大，则导出的文件也会较大。当选择导出为该类型文件时，则会打开"导出 Windows AVI"对话框，如图 9-26 所示。

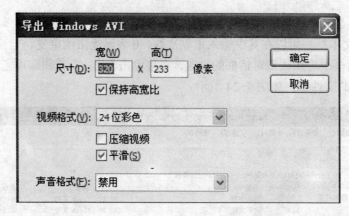

图 9-26 "导出 Windows AVI"对话框

在该对话框中设置以下主要参数选项：

● "尺寸"文本框：可以指定导出的 AVI 影片的帧的宽度和高度（以像素为单位），如果
选择"保持高宽比"，则可以确保所设置的尺寸与原始图片保持相同的纵横比。

● "视频格式"下拉列表：可以选择颜色深度。

● "压缩视频"选项：选中后会弹出一个对话框，用于设置按标准的 AVI 进行压缩。

● "平滑"选项：选中后会在导出 AVI 影片的同时消除其锯齿效果。消除锯齿可以产生
较高质的位图图像。

● "声音格式"下拉列表：可以设置音轨的采样比率和大小，采样比率和大小越小，导
出的文件就越小，但是可能会影响声音品质。

（2）导出 QuickTime

QuickTime 是苹果公司制定的一种动画格式，只要用 QuickTime 插件即可观看影片。当
选择导出为该类型文件时，则会打开"QuickTime Export 设置"对话框，如图 9-27 所示。在
该对话框中设置好选项后单击"确定"按钮，即可以将整个文档导出为 QuickTime 格式的视
频文件。

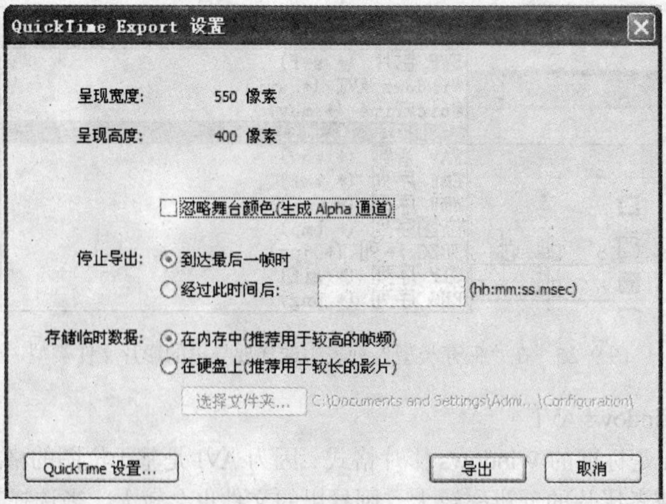

图 9-27 "QuickTime Export 设置"对话框

"QuickTime Export 设置"对话框中主要的选项含义如下。

● "呈现宽度"和"呈现高度"选项：用于显示 QuickTime 影片的帧的宽度和高度（以像素为单位）。

● "忽略舞台颜色"选项：选中该项，将使用舞台颜色创建一个 Alpha 通道，Alpha 通道作为透明轨道进行编码，以便将导出的 QuickTime 影片叠加在其他内容上，从而改变背景颜色或场景。

● "经过此时间之后"选项：可以设置要导出的 Flash 文档的持续时间。

● "QuickTime 设置"按钮：单击该按钮，将打开"QuickTime 高级设置"对话框，可以在其中指定自义的 QuickTime 设置。

（3）导出 WAV 音频

WAV 是标准的 Windows 音频文件格式。选择该文件格式，不但可以将当前文件中的声音文件导出到一个 WAV 文件中，而且还可以指定新文件的声音格式。当选择导出为该类型文件时，则会打开"导出 Windows WAV"对话框，如图 9-28 所示。在该对话框中设置好选项后单击"确定"按钮，即可以将整个文档导出为 Windows WAV 音频文件。

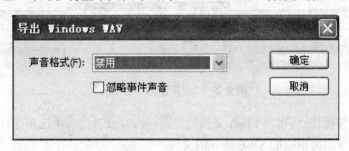

图 9-28 "导出 Windows WAV"对话框

在"导出 Windows WAV"对话框中，可以从"声音格式"下拉列表中选择确定导出声音的采样频率、比特率以及立体声或者单声。如果选中"忽略事件声音"选项，可以从导出的文件中排除事件声音。

（4）导出图像序列

可以将 Flash 文档导出为 EMF、WMF、JPG、GIF、PNG 等格式的序列图像文件，在"导出影片"对话框的"保存类型"下拉列表中选择一种序列文件即可。

EMF 序列格式适用于 Windows 95 和 Windows NT 系统，可以存储矢量和像素信息，支持 Flash 中的矢量线条，但是许多应用程序不支持新的图形格式。

WMF 序列格式是标准 Windows 图形格式，Windows 下的大多数应用程序都支持该格式文件。

2. 导出图像文件

要导出图像文件，则单击菜单"文件"→"导出"→"导出图像"命令，在出现的"导出图像"对话框的"保存类型"列表中选择要导出的文件格式即可。"保存类型"列表中提供了 8 种不同的图像文件格式，如图 9-29 所示，从中选择相应的格式，即可以将 Flash 文档导出为不同用途的图像文件。

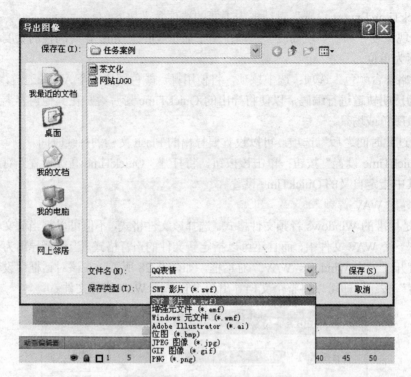

图 9-29 "导出图像"对话框

执行导出图像操作，可以将 Flash 文档的当前帧内容或者当前所选图像导出为一种静止图像格式，也可以导出为单帧的 SWF 格式的文件。

（1）导出"SWF 影片"

在"导出图像"对话框的"保存类型"列表中选择"SWF 影片"选项，再单击"保存"按钮，即可以将整个文档导出为 SWF 动画文件。

（2）导出"增强元文件"

"增强元文件"格式的图像可以保存矢量和位图信息。在"导出图像"对话框的"保存类型"列表中选择"增强元文件"选项，再单击"保存"按钮，即可将当前帧导出为增强元文件格式（EMF）的图像。

（3）导出"Adobe Illustrator"文件

Adobe Illustrator 格式是 Flash 与其他图形处理软件之间进行绘画交换的理想格式。在时间轴面板中将播放头移动到要导出的帧后，选择菜单 "文件"→"导出"→"导出图像"命令，在打开的"导出图像"对话框的"保存类型"列表中选择"Adobe Illustrator"选项，再单击"保存"按钮，即可导出一个 Adobe Illustrator（AI）文件。

（4）导出"位图"文件

位图（BMP）格式是 Windows 的通用位图图像格式。在时间轴面板中将播放头移动到要导出的帧后，在打开的"导出图像"对话框的"保存类型"列表中选择"位图" 选项，再单击"保存"按钮，将出现"导出位图"对话框，如图 9-30 所示，可以在其中设置位图参数。然后单击"确定"按钮，可以将当前帧导出为 BMP 格式的图像文件。

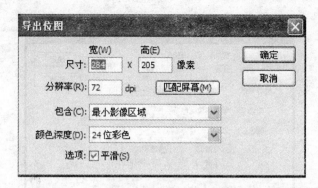

图 9-30 "导出位图"对话框

"导出位图"对话框的主要选项如下。

● "尺寸"文本框：可以设置导出的位图图像的大小，此处以像素为单位。

● "分辨率"文本框：可以设置导出的位图图像的分辨率，此处单位为 dpi（即点/英寸）。
单击"匹配屏幕"按钮，可以使分辨率与显示器匹配。

● "包含"下拉列表：可以选择导出区域。

● "颜色深度"下拉列表：可以指定图像的位深度。

● "平滑"选项：选中后可以消除锯齿现象，生成较高品质的位图图像。

（5）导出"JPEG 图像"文件

在出现的"导出图像"对话框的"保存类型"列表中选择"JPEG 图像"选项，再单击"保存"按钮，将出现"导出 JPEG"对话框，如图 9-31 所示。在其中设置参数选项。即可将当前帧导出为 JPEG 格式的图像文件。

"导出 JPEG"对话框中的选项与"导出位图"对话框相似，不同的有以下两项。

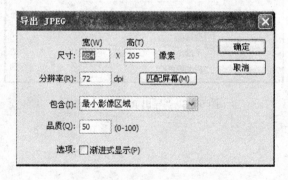

图 9-31 "导出 JPEG"对话框

● "品质"文本框：可以设置 JPEG 文件的压缩量。

● "渐进式显示"选项：选中该项后，可以在浏览器上逐渐显示图像。

（6）导出"GIF 图像"文件

在"导出图像"对话框的"保存类型"列表中选择"GIF 图像"选项，将出现的"导出 GIF"对话框，如图 9-32 所示。

"导出 GIF"对话框中的选项与"导出位图"对话框相似，不同的主要是"颜色"选项，该选项用于选择创建导出图像的颜色数量。"交错"等选项的功能与"发布 GIF"的选项相同。

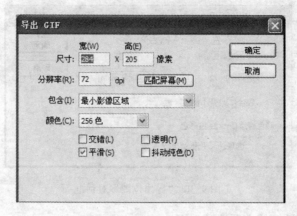

图 9-32 "导出 GIF" 对话框

（7）导出"PNG"文件

在"导出图像"对话框中的"保存类型"列表中选择"PNG"选项，将出现"导出PNG"对话框，如图 9-33 所示。该对话框的选项含义与"导出位图"对话框中的选项及PNG"发布设置"选项含义相似。

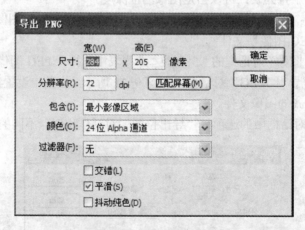

图 9-33 "导出 PNG" 对话框

9.4 习题

1. 填空题

（1）在 Flash 影片制作过程中，可以在测试影片或者测试场景操作中，自动发布一个_____，但文件类型为_____的动画影片文件。

（2）Windows AVI 是标准的_____影片格式。

（3）Flash 的源文件类型是_____，该类型的文件只能在_____应用程序中打开和编辑。

（4）要将文件发布为 HTML 格式，具体操作是打开_____对话框，在其中的"格式"选项卡，选择_____选项。

（5）"导出"功能可以输出更多类型的图像文件或影片文件，其具体操作是执行菜单_____或者_____来完成。

2．选择题

（1）在预览和测试动画时，都将生成一个（　　）文件。

    A．FLA   B．SWF   C．GIF   D．BMP

（2）在"发布设置"对话框中，如果从"版本"下拉列表中选择"Flash Lite"选项，则（　　）按钮可用。单击该按钮，将出现"自定义播放器信息"对话框。

    A．信息   B．自定义   C．播放器   D．设置

（3）"导出 GIF"对话框中的"颜色"选项主要用于创建导出图像的（　　）。

    A．色调   B．颜色数量   C．色彩   D．色相

（4）启动_____可以在舞台中连续显示多个帧中的图形内容。

    A．预览   B．较短   C．标准   D．很小

（5）在"导出图像"对话框的"保存类型"列表中有（　　）个选项。

    A．5   B．6   C．7   D．8

3．问答题

（1）发布和导出有什么区别？

（2）如何导出影片文件？如何导出图像文件？

实训十二　文件的发布和导出

一、实训目的

1．使用测试影片方法导出影片。

2．使用"发布设置"和"发布"操作导出影片文件和图像文件。

3．使用"导出"操作将文件输出为影片文件和图像文件。

二、实训内容

1．将项目 6 中的"实训九"制作的案例"画中画"使用"文件发布"操作，输出为 SWF 文件格式。

步骤提示：

1）将项目 6 "实训九"中制作的"画中画"文件打开。

2）单击菜单"文件"→"发布设置"命令，打开"发布设置"对话框进行相关参数的设置。

3）然后单击"发布"按钮，将文件发布为 SWF 格式。

4）预览该发布后的文件。

2．将第 6 章中"实训九"中制作的案例"配音茶韵"使用"导出影片"操作，输出为 Windows AVI 文件格式，其效果如图 9-34 所示。

步骤提示：

1）将项目 6 的"实训九"中制作的"配音茶韵"文件打开。

图 9-34 发布完成的"配音茶韵.avi"文件

2）单击菜单"文件"→"导出"→"导出影片"命令，打开"导出影片"对话框，在"文件名"文本框中输入要命名的文件名称，在"保存类型"下拉列表中选择"Windows AVI"选项，然后单击"保存"按钮。

3）打开其他播放器，播放该导出的 AVI 文件。

3. 将项目 4 的"实训七"中制作的"QQ 表情—笑"文件使用"影片导出"操作，导出为 GIF 动画，并通过 QQ 聊天工具发送给朋友，其效果如图 9-35 所示。

图 9-35 将"QQ 表情—笑"使用导出为 GIF 动画

步骤提示：

1）将项目4"实训七"中制作的"QQ表情—笑"文件打开。

2）单击菜单"文件"→"导出"→"导出影片"命令，打开"导出影片"对话框，在"文件名"文本框中输入要命名的文件名称，在"保存类型"下拉列表中选择"动画GIF（*.gif）"选项，然后单击"保存"按钮。

项目 10 综合应用：应用动画和动作脚本制作影片

"福州传统工艺"

本项目要点

综合应用 Flash 技巧制作实用案例

10.1 实例说明

该实例是使用 Flash CS4 制作一个展示福州传统工艺品的动画影片。通过该任务，可以系统全面地了解动画影片的制作过程和方法。该影片的效果如图 10-1 所示。

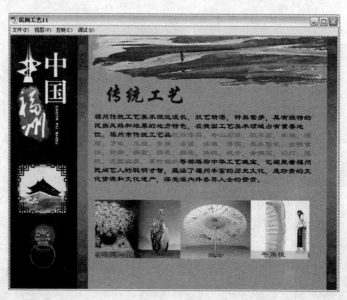

图 10-1 "福州传统工艺品展示"影片效果

10.2 实例步骤

1）新建一个 Flash 文档文件，设置背景色为灰色（#999999），尺寸为 800×600 像素。

2）单击菜单"文件"→"导入"→"导入到库"命令，在弹出的"导入到库"对话框中选择"chap10/素材文件"文件夹，按住〈Shift〉键单击要导入的文件"背景 1"、"背景 2"和"背景 3"，最后单击该对话框中的"打开"按钮，便将选择的所有文件均导入到库。

3）单击菜单"插入"→"新建元件"命令，打开"创建新元件"对话框，在"名称"文本框中输入元件名称为"背景",在"类型"下拉列表中选择"图形",如图 10-2 所示。

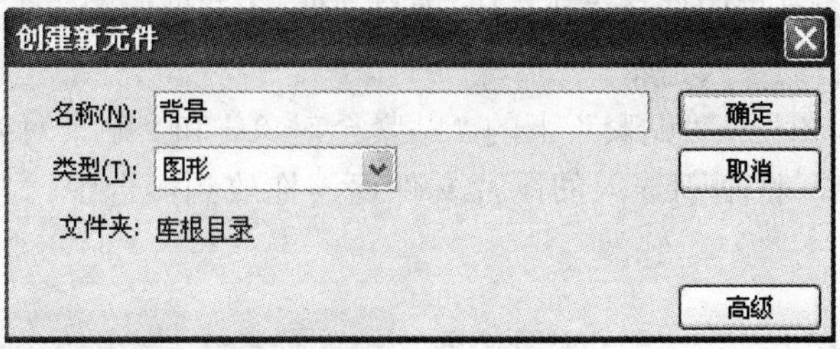

图 10-2　新建"背景"图形元件

4）进入到该元件的编辑窗口,单击菜单"窗口"→"库"命令,从库面板中连续将图片"背景 1.jpg"、"背景 2.jpg"和"背景 3.jpg"拖放入舞台中。调整这 3 张图片的位置:"背景 1.jpg"图片在左侧,"背景 2.jpg"图片在中间的上方,"背景 3.jpg"图片在右侧,如图 10-3 所示。

图 10-3　编辑"背景"图形元件

5）单击菜单"插入"→"新建元件"命令,打开"创建新元件"对话框,在"名称"文本框中输入元件名称为"民间工艺展示图",在"类型"下拉列表中选择"图形",如图 10-4 所示。

图 10-4　新建"民间工艺展示图"图形元件

6）进入到该元件的编辑窗口，单击菜单 "文件"→"导入"→"导入到库"命令，在弹出的"导入到库"对话框中选择"chap10/素材文件/工艺展示图集"文件夹，全选该文件夹下的所有文件，将它们导入到库。

7）选择菜单"视图"→"贴紧"下的"贴紧至对象"和"贴紧对齐"命令，如图10-5所示。再从库面板中，将刚刚导入的图片文件逐一拖放到舞台中，左右互相拼接起来，如图10-6所示。

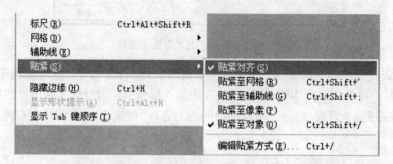

图10-5　选择"贴紧"菜单命令

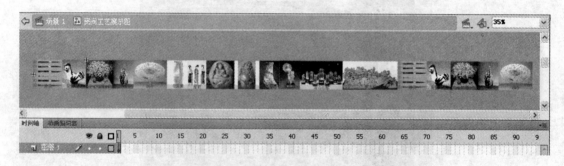

图10-6　拖放入导入的图片

8）单击菜单"插入"→"新建元件"命令，打开"创建新元件"对话框，在 "名称"文本框中输入元件名称为"工艺品"，在"类型"下拉列表中选择"影片剪辑"，如图10-7所示。

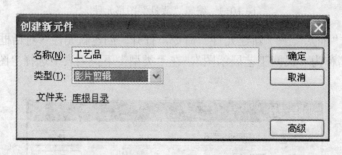

图10-7　新建"工艺品"影片剪辑元件

9）进入该影片剪辑元件的编辑窗口，从库面板中将图形元件"民间工艺展示图"拖放入"图层1"的第1帧。

10）单击图层面板下方的"新建图层"按钮　，添加一个新图层，设置名称为"图层2"，

"图层 2"位于"图层 1"的上方。

11）选择"图层 2"的第 1 帧，使用工具面板中的"矩形工具"在舞台中绘制一个矩形，并打开该矩形的属性面板，设置其"宽度"为 524，"高度"为 138，矩形的"笔触"大小为 0.1，笔触颜色和填充颜色为任意色。调整该矩形的左侧边缘与图层 1 中"工艺品"图案的左侧边缘对齐，刚好能遮挡住这部分的图案内容，如图 10-8 所示。

图 10-8　在"图层 2"的第 1 帧绘制矩形并调整矩形的大小和位置

12）选择"图层 1"的第 200 帧，右击选择"插入关键帧"命令。选择"图层 2"的第 200 帧，右击选择"插入帧"命令。

13）选择"图层 1"的第 200 帧，选择此时舞台中的实例对象，向左水平移动位置，使其右侧边缘和"图层 2"中矩形的右侧边缘对齐，如图 10-9 所示。

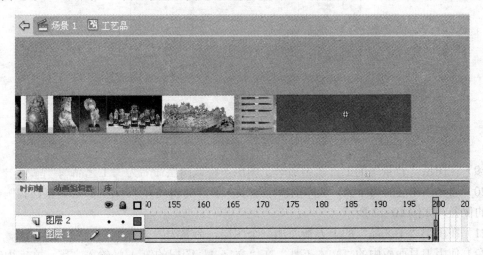

图 10-9　调整"图层 1"第 200 帧实例对象的位置

14）选择"图层 1"的第 1 帧，右击选择"传统补间动画"命令。

15）选择"图层2"，右击选择"遮罩层"命令，如图 10-10 所示。该影片剪辑元件即制作完成。

图 10-10　设置"图层2"为遮罩层

16）单击窗口上方的 ⚞ 场景 1 按钮，切换到"场景"窗口。双击"图层 1"，将其改名为"背景"。

17）选择"背景"图层的第 1 帧，从库面板中拖放入图形元件"背景"。

18）选择舞台中的"背景"元件实例，单击属性面板，在其中设置 X 和 Y 均为 0，"宽度"为 800，"高度"为 600，如图 10-11 所示。这样就将该实例图案用做舞台的背景。

图 10-11　调整"背景"元件实例的大小和位置

19）在图层"背景"的上方新添加一个图层，将该图层命名为"工艺品"。

20）选择该图层的第 1 帧，从库面板中拖放入影片剪辑元件"工艺品"。调整该实例在舞台中的位置，如图 10-12 所示。

21）在图层"工艺品"的上方新添加一个图层，命名为"文字 1"。

22）使用工具面板中的"文本工具"在"文字 1"图层的第 1 帧输入文字，文字内容如图 10-13 所示。打开文字属性面板，设置文字的"系列"为"隶书"，"大小"为 19.0 点，"颜色"为黑色，具体的属性参数设置如图 10-14 所示。

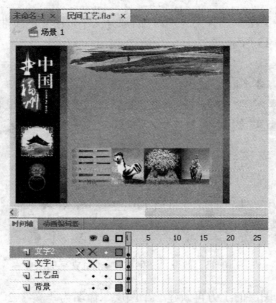

图 10-12　在 "工艺品" 图层的第 1 帧拖放入 "工艺品" 影片剪辑元件

福州传统工艺美术源远流长，技艺精湛，种类繁多，具有独特的民族风格和浓厚的地方特色，在我国工艺美术领域占有重要地位。福州市传统工艺品脱胎漆器、寿山石雕、软木画、木雕、根雕、牙雕、玉雕、骨雕、漆画、漆雕、漆筷、美术陶瓷、金银首饰、刺绣、绢画、绢花、绸花、角梳、纸伞、金银箔、彩灯、篦梳、泥塑玩具、草竹编织等都堪称中华工艺瑰宝，它凝聚着福州民间艺人的聪明才智，蕴涵了福州丰富的历史文化，是珍贵的文化资源和文化遗产，深受海内外各界人士的赞赏。

图 10-13　在 "文字 1" 图层的第 1 帧输入的文字内容

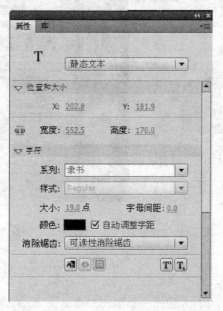

图 10-14　"文字 1" 的文字属性面板

23）用鼠标在该段文字中选择第3～6行的部分文字，在文字属性面板中改变文字颜色为"#CF4600"，如图10-15所示。

图10-15　改变"文字1"中部分文字的颜色

24）在"文字1"图层的上方再新建一个图层，命名为"文字2"。在该层的第1帧，选择"文本工具"在舞台中输入文字"传统工艺"。

25）选择该文字，打开其属性面板，设置文字的"系列"为"华文行楷"，"大小"为50.0点，"颜色"为#640001，具体参数如图10-16所示。

26）调整图层"文字2"中文字在舞台中的位置，舞台效果如图10-17所示。

图10-16　"文字2"的文字属性面板　　　　图10-17　调整"文字2"中文字的位置

27）单击菜单"文件"→"导入"→"导入到库"命令，在打开的文件夹中选择要导入的声音文件"喜洋洋.mp3"。

28）在图层"文字2"的上方新建一个图层，命名为"声音"，如图10-18所示。

29）从库面板中将声音文件"喜洋洋.mp3"拖放到该"声音"图层的第 1 帧。

30）选择"声音"图层的第 1 帧，打开声音属性面板，如图 10-19 所示。在该对话框中选择"同步"为"开始"。

图 10-18　图层面板　　　　　　　　　　图 10-19　设置声音同步为"开始"

31）选择图层"工艺品"第 1 帧，单击舞台中的影片剪辑元件"工艺品"实例，打开其属性面板，在实例名称输入框中输入文本"mjgy"，用做该实例名称，如图 10-20 所示。

图 10-20　对舞台中的"工艺品"实例命名

32）继续选中舞台中该"工艺品"实例，打开动作面板，在其中输入如下动作脚本：

```
on (rollOver)
  {_root.mjgy.stop();
}
on (rollOut)
  {_root.mjgy.play();
  }
```

33）至此，该声情并茂的影片即制作完成。按〈Ctrl+S〉组合键保存文件，按〈Ctrl+Enter〉组合键测试影片，并将其发布为所需要的文件类型。

参 考 文 献

[1]　郑芹. Flash 动画设计[M]. 北京：电子工业出版社, 2008.

[2]　李淑华. 平面动画制作 Flash[M]. 北京：高等教育出版社, 2008.

[3]　梁栋, 潘洪军. 中文版 Flash CS4 动画制作实用教程[M]. 北京：清华大学出版社, 2010.

[4]　李占平, 荣艳冬. Flash CS4 动画制作项目实训教程[M]. 北京：北京交通大学出版社, 2010.

[5]　科教工作室. Flash CS4 动画制作[M]. 北京：清华大学出版社, 2010.

[6]　Flash 培训研究室. Flash CS4 标准培训教程[M]. 北京：电子工业出版社，2008.

[7]　曲培新. Flash CS4 精品动画制作 50 例[M]. 北京：电子工业出版社, 2010.

[8]　龙腾科技. 中文版 Flash 8.0 循序渐进教程[M]. 北京：科学出版社, 2007.